12,426KM

U0084872

目錄
Contents

作者序
Preface

從小我是幸福的孩子，學才藝、出國遊學，雖然功課不是頂尖，但這些經驗卻豐富了人生的閱歷。二○○二年，一個人提著兩大箱行李，背負著家人的期望，從台灣飛往地球另一端——美國波士頓，開啟了研究所生涯。正因為國、高中時期曾去歐美遊學，對於留學生活並不陌生，每天在上課與練琴中度過，唯有獨自待在房間時，腦海中會出現父親掩面流淚送我上飛機的背影，以及望著我出關後還不肯離開的母親。幸好波士頓是大學城，有很多台灣留學生，我們時常相約一起吃飯、一起活動，一起說著同樣的語言，稍能撫慰想家的心情。由於大環境不同，美國沒有華麗的夜生活，我們最常做的娛樂就是下課後相約到朋友家下廚，包水餃、煮火鍋、準備一鍋什錦滷味，或是人手一道家常菜，遠在異鄉的遊子，靠著家鄉味，暖暖的相互依靠。

雖然我們最愛的是道地家鄉味，但還是一心想嚐鮮，墨西哥捲餅、義大利墨魚麵、正宗泰式炒粉，還有韓國炒年糕及牛骨湯……等等；只是經常外食的狀態之下，花費驚人，為了不想製造太多經濟上的壓力，只好省吃儉用，從採買食材開始、研究食譜，到掌廚皆全程參與，廚藝慢慢從五十分進步到八十分，對料理越來越有成就感，也越來越愛下廚。礙於很多食材跟調味料買不到，就會出現想做紅糟肉卻買不到紅麴醬、想做空心菜炒沙茶牛卻買不到空心菜的窘境，只好就地取材，尋找代替品。在食材變變變的情況下，即能碰撞出新的火花，當然也會踩到地雷，但是勇於嘗試與創新也讓味蕾習慣接觸不同的口味變化，對愛下廚的我，何嘗不是一件好事！

我家有個手藝比我更厲害的媽媽，某年來美國，我帶她去超市開開眼界，買了她最愛的義大利麵條，信誓旦旦要買回家煮給老爸吃，結果等我回台灣後，卻發現麵條還在櫃子，動也沒動，她說：「西餐都要搭配一堆香料，我哪會？」其實我覺得料理本一家，很多基本食材與操作手法都能互通與利用，不需要拘泥於中餐就爆香蔥薑蒜，西餐則堅持用巴西利、羅勒或

迷迭香的概念。好幾次在粉絲團分享女兒最愛的肉醬義大利麵食譜，調味秘訣是醬油與麻油，有讀者問：「番茄肉醬加醬油、麻油不會怪嗎？」或許只要拋開常念，「有點怪」與「蠻特別」只有一線之隔。於是我想，如果藉由中式料理手法，加入西式食材，或者相反，如此亦中亦西的菜色，像是沙茶醬燒豬肋排、味噌白醬義大利麵，或是枸杞蘋果派⋯⋯是不是別有一番風味呢！大家也就不用愁著去哪買薄荷葉？市場有沒有賣迷迭香？ 進而有更多意願研究或嚐試新的口味與作法 ，那我分享料理的初衷也就慢慢的實現了。

本書記錄了我在美國生活十四年來探索的西式美味，從美式牛肉堡、南瓜燉飯、紐約辣雞翅，到巧克力瑪芬、巧達濃湯，餐餐都是經典款，而它們經由巧手變化之下，變得更友善、更親民。料理無國界，希望藉著這些美食料理，將我們家的幸福傳遞到你們的心中！

基 本 用 具

無論是做任何菜式的料理，我的基本工具就是廚房必備的量米杯
跟各式湯匙，觸手可及又方便使用。料理時，食譜的調味料份量
其實只是參考用，畢竟有太多外在因素會影響個人對食譜的評
價。像是每個人口味不同，重口味或是口味清淡些；又或者是調
味料的鹹淡度不同，像每個品牌的醬油味道都不一樣，有的偏
鹹，有的偏甜，而這些因素都會影響成品的結果。參考食譜上的
調味比例，再酌情微調成適合自家人的口味，這樣才能確保上菜
時，道道都是精心製作的美味唷！

基 本 用 具

烘	焙	篇

做烘焙可就不能跟做料理一樣「隨意」調整口味了，樣樣材料都
得小心翼翼的秤重，這樣一來才能保證烤出來的成品不會有太大
的落差。為了避免各個地區烘焙量杯與量匙份量的差異，我一律
使用電子秤來做測量，這樣也能免除不必要的誤差。其餘的像是
攪拌盆，刮刀，各式烤盤都是必要的工具，請看準荷包做適時的
投資。烘焙過程的手法也要注意，食譜內容提到像是奶油要放室
溫軟化，或是加熱融化；蛋液打發程度；麵糊攪拌程度；烤箱溫
度的調整……等等這些細節，再加上個人天份與經驗值的累積。
雖然我不是烘焙達人，但是做一些簡單的甜點來滿足一下甜牙
齒，倒是挺幸福也很有成就感唷！

練 習 一

前菜與配菜
Appetizers and Side Dishes

–

當紐約辣雞翅遇見椒麻棒棒腿

1-1

美式紐約辣雞翅

到美式餐廳必點開胃菜三式組合：辣雞翅＋炸馬芝拉條＋烤馬鈴薯皮；其中我最愛的就是辣雞翅。炸得酥酥脆脆的雞翅，裹上超辣又吮指的辣醬，即使吃到嘴唇都辣腫了，還是覺得意猶未盡。只是辣雞翅醬在台灣取得不易，其實自製辣醬材料很簡單，我喜歡做一罐放在冰箱，隨時只要烤個雞翅，淋上辣醬拌一拌，就有好吃的雞翅上桌囉！

材料

雞翅 6 隻
地瓜粉 2 小匙
鹽巴 1/4 小匙

辣雞翅醬

美式辣椒醬 1 罐（350ml）
奶油 110g
黑糖蜜 2 大匙
蘋果醋 1 大匙
番茄醬 1 大匙
蒜頭 2 顆

食景練習：來自波士頓的 50 道鄉愁之味

1　地瓜粉與鹽巴拌勻，均勻的裹在雞翅表面，用烤箱 400 ℉ 或 200℃ 烤 30 分鐘

2　製作醬汁：2 顆蒜頭磨成泥備用。奶油放入鍋中融化，加入蒜泥爆香

3　倒入辣椒醬 / 黑糖蜜 / 蘋果醋 / 番茄醬一起熬煮

4　中小火慢熬 10 分鐘，醬汁會慢慢變濃稠

5　烤好的脆皮雞翅，淋上適量的辣醬即完成

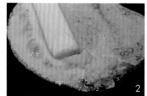
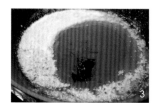
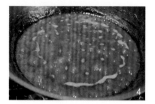

貼心
Note

• 黑糖蜜除了甜味還有焦糖香氣，若沒有可使用蜂蜜 1 大匙 + 黑糖 1 大匙代替

• 雞翅醬的甜度 / 酸度可隨個人口味酌量調整比例

1-2

練習一・前菜與配菜

韓式蜂蜜辣醬雞翅

食景練習：來自波士頓的 50 道鄉愁之味

韓流來襲，每每看著韓劇就被豆腐鍋、辣炒年糕、參雞湯深深的吸引。在超市買了一罐韓式辣醬卻只有炒年糕，炒豬肉會用到，這樣也太不實惠了。於是把它拿來與蜂蜜跟蘋果做結合，熬煮成黏稠的醬汁，甜甜辣辣的口味，加上香嫩多汁的脆皮烤雞翅，超吮指的啦！如果可以再來一杯冰啤酒就過癮了！

材料 🍵

雞翅 6 隻

醬油 1/2 大匙

醬汁材料 🥄

韓式辣醬 1 大匙

醬油 1 大匙

麻油 1 小匙

蜂蜜 1 大匙

蘋果醋 1 小匙

蘋果泥 1 大匙

蒜泥 1 小匙

薑泥 1 小匙

1　雞翅表面劃兩刀，用醬油醃一下，入烤箱 375 °F 或 190℃ 烤 20 分鐘

2　醬汁材料拌勻

3　煮滾後續熬 3-5 分鐘，呈現濃稠狀

4　將烤 20 分鐘的雞翅取出，淋上醬汁

5　再放入烤箱烤 8-10 分鐘

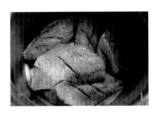
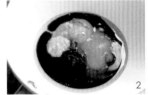

貼心
Note

• 醬汁材料的辣度甜度請依照個人口味調整

1-3 泰式椒麻棒棒雞腿花

近幾年泰式料理很夯，除了餐館之外，連我老家旁的夜市都設有泰式椒麻雞的小攤，每每經過都是大排長龍，可想而知這椒麻雞受歡迎的程度。而這道菜也是家裡餐桌上常見的異國料理，我還特地把雞腿做成花的樣子，可愛的造型，烤的香脆又鮮嫩多汁，沾上酸酸鹹鹹的醬，當然美味更是不在話下。

材料

棒棒腿 6 隻

裹粉

地瓜粉 1 大匙

花椒粉 / 辣椒粉 / 鹽巴 / 黑胡椒粉各 1/8 小匙

醬汁

魚露 1 大匙

冷開水 2 大匙

素蠔油 1 大匙

糖 1 大匙

檸檬汁 1 小匙

香油 1/2 小匙

香菜 / 辣椒末適量

1　棒棒腿尾端部份畫刀，將肉往前推擠成花狀

2　裹粉材料拌勻，將棒棒腿均勻裹上粉

3　烤箱預熱 400 ℉ 或 200℃，烤 20-25 分鐘

4　醬汁材料調好備用

5　待棒棒腿烤至表皮金黃色，內部熟透，即可盛盤

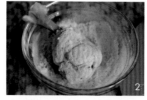

貼心 Note	• 醬汁部份可隨個人口味調整酸 / 辣 / 鹹度
	• 烤棒棒腿也可用煎雞腿排來代替

1-4 鮮蔬豆干串燒

練習一・前菜與配菜

食景練習：來自波士頓的 50 道鄉愁之味

在國外的日子，最喜歡與朋友一起 **BBQ** 烤肉。除了常見的肉品之外，各式各樣的串燒總是最受歡迎，尤其是色彩鮮豔的蔬菜串燒，一定馬上抓住饕客的視線。特製烤醬味道濃郁，搭配豆干做碳烤很對味，所以蔬菜只做簡單的調味，吃原味也剛好可以解膩！

材料

甜椒 / 紅洋蔥 / 櫛瓜各一份
五香豆干 4 塊

烤醬

花生醬 1 大匙
醬油 1 大匙
蜂蜜 1 小匙
烏醋 1 小匙
水 1 大匙
薑泥 / 蒜泥各 1/2 小匙

1　烤醬材料全部攪拌均勻，與切塊的豆干丁一起醃 10 分鐘

2　蔬菜切塊，用少許橄欖油 / 鹽巴 / 黑胡椒粉抓云

3　將豆干與蔬菜串起來

4　放在爐火或是烤肉架上烤熟即可

貼心 Note
• 蔬菜類可隨個人喜好挑選顏色鮮豔的種類，或各式菇類也可代替
• 烤醬也可以拿來醃雞肉，做成簡易版的沙嗲雞

1-5

明太子惡魔蛋

家裡常有朋友來做客,所以總會有幾道容易準備,美味好吃,又端得上檯面的「偽精緻」家常宴客菜。尤其是西式的 **Finger Foods** 經常是大受歡迎;**Finger Foods** 顧名思義就是用手拿著吃的小點,邊聊天邊吃的派對模式,最容易炒熱場子,賓主盡歡唷!

這道惡魔蛋的口味很豐富,鹹鹹的明太子,甜甜的美奶滋,清爽的檸檬汁,酸甜的醃黃瓜與略帶嗆辣的黃芥末;綜合這麼多元的味道與黃金蛋黃攪拌成滑順軟綿的蛋黃餡,真的吃了會上癮!

材料

水煮蛋 6 顆
明太子 1 大匙
美奶滋 4 大匙
黃芥末 1 大匙
酸黃瓜末 1 大匙
檸檬汁 1/2 大匙
鹽巴 / 黑胡椒粉適量

1 水煮蛋對切，並將蛋黃取出放至碗中

2 調餡：蛋黃壓碎，與美奶、明太子、黃芥末、 酸黃瓜末、檸檬汁攪勻

3 並用鹽巴 / 黑胡椒調整味道

4 最後把調好的蛋黃餡填入蛋白外殼中即完成

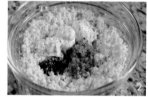

貼心 Note
- 水煮蛋一定要煮到全熟，明太子也可用亮橘色的小蝦卵代替
- 內餡的材料比例請依照個人口味做調整，也可加入少許辣醬提味

1-6

酥炸黃金薯片

食景練習：來自波士頓的 50 道鄉愁之味

我鮮少做炸物，除了不想讓家裡到處都是油煙味之外，處裡炸過的油也是挺傷腦筋的。但是偏偏薯片就是要自己炸才好吃啊！超薄薯片浸入油鍋中，美得冒泡，加上嗶哩啵囉的炸油聲，其實很療癒。把薯片炸乾到波浪狀，微微灑上調味粉，喀滋喀滋的一片接一片，好吃極了！這絕對不是超市架上隨便抓一包洋芋片可以比得上的幸福啊！

材料

黃地瓜 / 紫地瓜 2-3 條
鹽巴 / 黑胡椒粉適量

1　地瓜表面洗淨後用刨刀切成超薄片，將地瓜片泡水 20 分鐘

2　取出地瓜片，確實把表面水份擦乾

3　熱油鍋，測油溫，若薯片放入後，油開始冒大泡泡就可以下鍋

4　油炸過程中請幫忙薯片翻面，讓兩面都可以炸均勻

5　炸到油鍋中的泡泡開始變少，表示薯片的含水量變少即可準備起鍋

6　將撈起的薯片放在廚房紙巾上吸油，並趁熱灑上鹽巴／黑胡椒調味

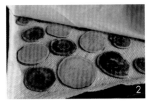

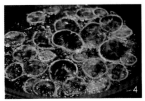

貼心
Note

- 步驟 1 和 2 的前製動作一定要確實做好，這樣炸起來的薯片才好吃
- 地瓜可以換成馬鈴薯，過程中要換 2 次水，把表面黏液洗乾淨才炸的脆

1-7

酪梨番茄蛋沙拉

在台灣念中學的時候，媽媽有陣子瘋狂的迷上酪梨雞蛋布丁牛奶，後來妹妹也積極的美味推薦，但是我礙於「年紀小」＋「對酪梨有深深的排斥感」，遲遲的沒有對它踏出友善的一步。直到出國念書後，發現西式料理很常用酪梨入菜，每每與外國朋友聚餐時，玉米脆片沾酪梨莎莎醬，酪梨雞肉三明治，甚至很基本款的酪梨涼拌沙拉，大家都吃得笑開懷。有一次無意間吃加州壽司捲，稀哩呼嚕的吃光光後才發現，加州捲的材料是：蟹肉棒，小黃瓜絲與酪梨片。忽然間豁然開朗，原來酪梨也是很親切的！

酪梨是營養價值高的食材，含有豐富的植物性油脂，蛋白質與礦物質……等，我常常把它拿來代替主食，就像這道涼拌沙拉，什麼都有，既有飽足感又美味，再搭配幾片蘇打餅就是午餐輕食的新選擇囉！變化款還可以與吐司搭配做成三明治，或是加入一些可愛造型的義大利麵拌勻，夏日野餐就這樣吃吧！

材料 🍵
酪梨 1 顆
水煮蛋 2 顆
蒸熟甜玉米半根
小番茄 10 顆
檸檬汁 1 大匙
沙拉醬 2 大匙
香菜末 1 大匙
鹽巴 / 黑胡椒粉適量

食景練習：來自波士頓的 50 道鄉愁之味

1 酪梨剖半後扭轉開，取出籽

2 在酪梨果肉處畫刀，利用鐵湯匙隨著皮肉間順勢將果肉挖開

3 為了防止酪梨氧化顏色轉黑，請立即拌入檸檬汁

4 將小番茄切半，水煮蛋切丁，與甜玉米、蜂蜜芥茉醬、香菜末加入拌勻

5 並用鹽巴 / 黑胡椒調味即完成，嗜辣者可加入辣椒粉

貼心 Note	• 蒸熟甜玉米可用罐裝玉米粒代替
	• 市售沙拉醬有很多種，我使用的是蜂蜜芥茉醬、千島醬、凱薩醬、 日式柚子醋 也都是不錯的選擇
	• 亦可加入泡過冰水的生洋蔥，增添嗆辣爽脆口感

1-8

番茄玉米莎莎醬

食景練習：來自波士頓的 50 道鄉愁之味

餐與餐之間總是會嘴饞嗎？其實也不是真的餓，就是嘴巴想動一動。我喜歡幫家人準備塞牙縫又健康的零嘴，莎莎醬就是其中之一；除了吃了有飽足感，且熱量低之外，又額外攝取了更多的蔬菜水果，真是很厲害的一道菜。最常見的吃法就是搭配玉米脆片，也可以拿來拌義大利涼麵，或是當成三明治的夾餡，很萬用喔！因為女兒們怕洋蔥的嗆味，所以我把洋蔥炒過才拿來拌；大人版的莎莎醬是可以加新鮮嗆洋蔥以及幾滴辣椒醬提味唷！

材料

大番茄 1 顆
紫洋蔥半顆
紅甜椒半顆
玉米 1/2 杯
青豆仁 1/4 杯
檸檬汁 2-3 大匙
香菜末 2 大匙
鹽巴／黑胡椒粉適量

1   先將紫洋蔥、玉米與青豆仁炒熟放涼備用

2   番茄切半，將果囊的部份挖除

3   把番茄 / 紅甜椒切丁之後，與**步驟 1** 跟香菜末全部拌勻

4   最後用檸檬汁 / 鹽巴 / 黑胡椒粉調味即完成

貼心 Note	• 番茄果囊的部份容易出水，拌好的莎莎醬會有太多醬汁，影響口感
	• 喜歡新鮮洋蔥嗆辣口感的人，也可以直接使用新鮮洋蔥，免除炒的部份
	• 莎莎醬的材料很多變，季節性的水果也可以做搭配，如：芒果、甜桃、草莓、奇異果等

1-9 蘑菇起司鹹酥塔

第一次吃到烤蘑菇鑲 cheese 是在知名的連鎖義大利餐廳，是店員極力推薦的義式前菜。光是看這小巧可愛的蘑菇頭就超吸引人了，一口一個剛剛好，食後感想除了好吃之外，就是——好爆漿的口感啊！蘑菇烘烤後非常多汁，加上濃郁的乳酪內餡與表面酥脆的麵包粉，我還自做聰明的加了醃嫩薑當裝飾，薑薑好可以解乳酪的膩，有種不太協調卻可稱得上是完美組合的感覺。

材料

蘑菇 6 朵
奶油乳酪 2 大匙
乳酪絲 1 大匙
蔥花 / 香菜末各 1 小匙
麵包粉 1 大匙
鹽巴 / 黑胡椒粉適量

1　蘑菇表皮擦拭乾淨，取出蒂頭並切成末

2　將奶油乳酪／乳酪絲／蔥花／香菜末／蘑菇蒂頭末／適量的鹽巴與黑胡椒攪勻成為餡料

3　蘑菇填入適量的餡料，並沾上麵包粉

4　烤箱預熱 350 °F 或 175℃，烤 10 分鐘即可

貼心 Note　• 蘑菇千萬不要用水清洗，否則無法保持乾燥，烘烤後會一直出水

蒜香海苔手風琴馬鈴薯

在國外很常見馬鈴薯上餐桌，不管是當主食或是配菜，煎煮炒炸，樣樣都可以變化成美味的料理。花點小巧思，把馬鈴薯換個造型，烤個外酥內軟，不僅造型可愛又討喜，味道也是一級棒。多烤一些，除了烤完直接吃，還可以搭配咖哩飯，或是拿來做馬鈴薯燉肉，淋上義大利番茄肉醬再灑上起司絲做成焗烤……等等！與不同的料裡激出不一樣的火花，馬鈴薯是潛力十足的食材喔！

材料 🍵

馬鈴薯 3-5 顆
橄欖油 2 小匙
蒜粉 1/4 小匙
鹽巴 / 黑胡椒適量
海苔粉適量

1 馬鈴薯連皮一同洗淨並擦乾水份後，將其固定在筷子中間，切片，碰觸到筷子即停手，不切到底

2 切好的馬鈴薯加入油以及其他調味料拌勻

3 烤箱預熱 400 °F 或 200℃ 烤 30-40 分鐘，或至表皮皺起內部熟透即完成

貼心
Note

• 烤的時間請依照馬鈴薯的大小調整，越大的馬鈴薯，烤時需要增加

食景練習：來自波士頓的 50 道鄉愁之味

食景 I
小氣煮婦的採買哲學

我就讀的波士頓大學附近生活機能很好，校園附近要吃什麼有什麼，要買什麼也都有，大眾運輸地鐵跟公車就在校園內設站，真的是很方便。我的公寓離音樂系館走路只要 15 分鐘，沿途還會經過美國超市與亞洲超市，經常在下課後就晃到超市吹冷氣，散散步，買買菜舒壓一下。一人份的食材採買說簡單也簡單，說難也很難；買幾根香蕉、幾顆蘋果、一盒草莓、一顆洋蔥、一朵花椰菜，這算是可以用小單位來計算的食材；吐司一買就是一大條，紅蘿蔔一整袋，柳橙汁跟鮮奶都是一大罐，麥片也是一大包……我承認當時浪費了不少食材，因為還沒吃完就過期了。

隨著家庭人口數的增加，房子越換越大間，住的地方也離市區越來越遠，採買的次數越來越頻繁，當然伙食費也就越來越高。加上美國不像台灣方便，要煮飯時騎車到大賣場超市或市場採購就有；我們週末去亞洲超市光是開車就要花費 40 分鐘，Costco 也要 30 分鐘車程，幸好鄰近的美國超市都在車程 10-20 分鐘的距離，可以做些週間生鮮蔬果的補給。

而我的買菜哲學呢？就是仔細閱讀每週超商特價單 ①，以特價商品來搭配未來一週的餐點。生鮮蔬果的特價商品通常會以當季盛產的品項為主，一走進超市就會看到整片農場直運蔬果，有什麼比吃當季蔬果更便宜又好吃呢 ② ③！另外就是價格不易隨季節變化而波動的蔬果類，像是洋蔥、馬鈴薯、蘋果、香蕉、櫛瓜／黃瓜／豆子類，與各式甜椒辣椒都是很不錯的選擇 ④～⑥；如果對有機蔬果類感興趣的，一般超市內都設有專櫃，選項也很齊全 ⑦。

當季蔬果區

肉類的部分，因為我家是無肉不歡，所以會選擇家庭經濟包，價格會比一般包裝便宜些；超市為鼓勵消費，很多款肉品都有 Family Size，貼心店家甚至會將家庭號分成單份的真空包 ⑧，回到家後省了分裝手續，直接進冷凍庫，非常方便。除了在超市買肉，我常跑自營農場，雞羊牛豬，還有現灌美式香腸、煙燻培根，喜歡哪個部位可以請老闆現切，新鮮看得見。

至於海鮮類，哪裡可以比得上台灣的海鮮呢！波士頓雖靠海，海鮮選擇也不少，但種類跟料理方式遠不及台灣。我們最常吃的有新鮮鱈魚、鮭魚；其餘只能依賴冷凍包：干貝、花枝、鯛魚、蛤蠣、鮮蝦。而說到海鮮，怎麼能不提「波士頓龍蝦」呢！雖然緬因州 Maine 才是龍蝦產量最多的一州，只是礙於美東地區的波士頓是知名觀光景點，因此而盛名。除非是觀光客，一般家庭很少在餐廳享用龍蝦餐，原因很簡單，價格不斐。所以我習慣等到龍蝦盛產的夏季，當超市促銷，再買回家清蒸，享受龍蝦的原汁原味 ⑨。此外，為了滿足懶得剝殼的愛蝦族，將龍蝦肉拌上美乃滋，毫不手軟的塞滿夾館麵包，簡單調味所製成的龍蝦沙拉三明治 ⑩，是很受美國歡迎的一種吃法。

一般蔬果區

有機蔬果區 ⑦

真空包肉品 ⑧

當地盛產之龍蝦

⑨

龍蝦沙拉三明治

⑩

義大利麵區

罐裝醬料區 ⑪

⑫

最後是省很大的乾貨類。各大超市都三不五時會舉辦囤貨週，買一送一或是半價商品的優惠，不過在失心瘋搬貨的同時，可要注意保存期限喔！除了零食餅乾之外，我最愛「收集」各種不同款式的義大利麵 ⑪、常用罐裝醬料 ⑫，以及調味香料與烘焙用麵粉與砂糖。此外，美國人對亞洲食物也非常喜愛，在超市的國際區貨架 ⑬，基本醬料自然就應有盡有了。另外就是家附近的台灣超市，規模雖小，但是滿滿的台灣與日本醬料跟零食，價格雖不能跟台灣相比，但是一走進小店就揪甘心，這就是遠道而來的家鄉味阿！

我最喜歡把孩子送到學校之後，一個人悠閒的逛超市，看著架上的物品，腦子裡乍現的靈感，碰撞不同火花的美味料理。其實小氣煮婦不是花錢小氣巴拉的小氣，而是如何不需要花太多錢又巧妙的將採買的食材發揮到最大價值。我倒是很享受也很喜愛這樣的煮婦生活，為家人付出努力，何嘗不是幸福快樂的事。

國際食品區

⑫

練 習 二

西式經典康福料理
Classic Comfort Food

當法式洋蔥湯遇見古早味鹹粥

2-1
法式洋蔥濃湯

練習二 ‧ 西式經典康福料理

在西式餐廳的湯品菜單中，法式洋蔥湯常常是榜上有名。我承認一開始真的被「法式」兩個字給嚇到了！深怕是特別法式料理手法或是需要特殊香料才能做的湯品。其實不然，重點在於洋蔥要慢火炒至焦糖色，香氣跟甜味自然成為洋蔥湯美味的要訣。尤其是那片融化乳酪烤麵包，與洋蔥湯搭配實在是太銷魂了！常常跟姊妹淘一起午餐約會，簡單的 Soup & Salad，法式烤布蕾當甜點，優雅的彷彿就置身在巴黎呢。

材料

高湯 900ml

中型洋蔥 2 顆

蒜頭 3 顆

中筋麵粉 3 大匙

香菜梗 / 芹菜葉 1 小把

西式綜合香料 1 小搓

麵包片 2 片

乳酪絲 2 大匙

鹽巴 / 黑胡椒粉適量

1 鍋中少許油爆香蒜末，與洋蔥絲一起中火炒至焦化顏色

2 加入麵粉拌炒，再倒高湯一起熬煮

3 香菜梗 / 芹菜葉用茶葉袋裝起，並與綜合香料一起下鍋煮

4 約煮 10 分鐘後洋蔥絲呈現軟嫩半透明狀即可，最後用鹽巴 / 黑胡椒粉酌量調味

5 食用前把洋蔥湯盛碗，鋪上麵包片與乳酪絲入烤箱烤至乳酪絲融化

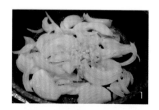  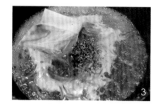

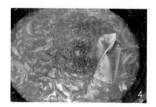  

| 貼心 Note | • 若家中有紅酒，可添加 1 大匙提香 |
| | • 喜歡清湯版本勝過濃湯版本的，可以把炒麵粉的過程省略 |

2-2

啤酒炸魚薯片

炸魚薯條算是歐美地區的國民小吃，就相對於台灣鹹酥雞與日本炸天婦羅在國人心中的地位。炸魚的同時會一起炸馬鈴薯塊當配菜，與冰冰涼涼的捲心菜沙拉一起上桌，當然再配個冰啤酒就更完美了。只是我用了部分啤酒來調麵糊，啤酒氣泡讓炸的酥皮多了份空氣感，也多了些麥香氣；檸檬皮屑與檸檬美奶滋也讓炸物吃起來多了些清爽的風味，很優！

材料

鱈魚一塊
中筋麵粉 1 杯（量米杯）
啤酒適量
義式綜合香料少許
檸檬皮屑 1/2 小匙
鹽巴 / 黑胡椒粉適量
洋蔥絲適量

沾醬

美奶滋 1 大匙
檸檬汁 1 小匙
辛香料 1 小匙（香菜葉或芹菜葉皆可）

1　沾醬材料全部攪拌均勻備用

2　中筋麵粉與義式香料 / 檸檬皮屑 / 鹽巴 / 黑胡椒粉拌勻，慢慢加入啤酒攪拌成麵糊

3　啤酒一次加一大匙的量，直到麵糊呈現濃稀度 OK 的狀態

4　鱈魚切塊，與洋蔥絲一同裹上麵糊

5　魚塊與洋蔥絲下鍋炸至表面金黃，內部熟透

6　炸物起鍋後，用廚房紙巾吸除多餘油脂

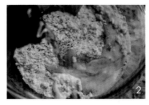
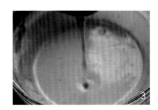

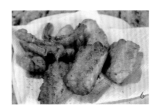

貼心 Note	・薯片做法請參考：酥炸黃金薯片（P.25） ・魚塊的選擇以較扎實魚肉的種類為佳

芋頭培根鹹粥

粥品有著很療癒的功效；暖呼呼的湯，夾帶著各種食材散發的鮮甜味，不管是甜粥或鹹粥，喝上一碗都令人相當的舒服。剛到美國的前幾年，常常想念媽媽煮的鹹粥，那一碗充滿著油蔥酥與芹菜香氣的鹹粥。我特別選了煙燻培根來搭配芋頭，為這款台味十足的暖心粥來點不一樣的洋味，再灑上大把的蔥花與白胡椒粉，邊吃邊回憶著媽媽的味道。

材料 🥛

白飯 1 碗

高湯 2 碗

培根 1 條

芋頭 30g

香菇 1-2 朵

蝦皮 / 油蔥酥少許

芹菜末 1 小匙

青蔥 1 支

鹽巴 / 白胡椒粉適量

食景練習：來自波士頓的 50 道鄉愁之味

1　熱鍋不加油煎培根，待培根煎香後，撈起備用

2　利用鍋中的培根油脂煎芋頭，爆香蝦皮／油蔥酥／香菇／芹菜末

3　加入白飯與高湯一起熬煮

4　起鍋前用鹽巴酌量調味，再灑上蔥花與白胡椒粉，最後擺上煎培根末即可

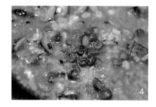

貼心
Note
- 任何風味的高湯皆可使用
- 這款粥品的材料很基本款，可隨意添加自己喜愛的食材變化口味

2-4 蒜香檸檬大蝦

第一次吃到這款蝦料理是在美國知名連鎖店 Cheesecake Factory。當時跟老公約會，他點了一道蝦跟一道牛，上菜時，光看到擺盤（都還沒嚐到味道）就覺得這男人也心機太重了吧！我穿貼身裙子耶，一吃太飽小腹都會凸出來！所以是説美食當前，讓我愛美吃少少，剩下的他可以盡情享用嗎？！

大部分在餐廳享用蒜香檸檬大蝦都是搭配天使細麵，利用義大利麵來吸附香濃的蒜香檸檬奶油醬，加上微微的白酒香氣，與畫龍點睛的辣油，吃進嘴裡，味道是很豐富的。我喜歡搭配麵包片食用，感覺較優雅，酥脆的麵包片與彈牙又包裹著濃郁醬汁的大蝦，口感的衝突確是很微妙。

材料 🥛

鮮蝦 250g
鹽漬檸檬半顆
蒜頭 2-3 顆
白酒 100ml
鮮奶油 1 大匙
辣油 1 小匙
香菜末 1 大匙
鹽巴／黑胡椒粉適量

事前準備　蝦子去殼去腸泥後，用清水洗淨，並把表面上的水分拍乾

1　少許油爆香蒜頭後，把蝦子放置鍋中，灑上鹽巴／黑胡椒，煎熟備用

2　把熟蝦子取出，利用鍋中的蝦油與蒜頭製作醬汁

3　將白酒與檸檬一起下鍋，與蒜頭熬煮，並用鹽巴／黑胡椒做初步調味

4　再把蝦子回鍋與醬汁一起翻炒，並加入鮮奶油，辣油，及香菜末拌勻即可

5　最後再依照口味酌量調味

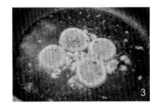

貼心
Note

• 鹽漬檸檬可用一般新鮮檸檬代替；白酒可用料理米酒或清酒代替

• 本做法適用於各類海鮮，如：魚片、花枝圈、甘貝、淡菜

• 蒜香檸檬大蝦還可搭配義大利麵，或是烤麵包一起食用

2-5 牧羊人牛肉派

練習二・西式經典康福料理

西式的家庭聚餐很喜歡吃烤火雞，烤牛肉，烤羊腿，或燉豬肉，再做些烤蔬菜與馬鈴薯泥當配菜；而派對過後，掌廚的就會利用這些菜餚再變化些吃法，牧羊人派 Shepherd's Pie 就是這樣來的。特別加了市售黑胡椒牛排醬來炒肉餡，味道與番茄糊有很好的融合；蒜味薯泥入口即化又超綿密的口感，這組合就是這麼令人回味。

材料

牛絞肉 200g
蔬菜丁 1 杯
蘑菇 3 朵
黑胡椒牛排醬 1 大匙
番茄糊 1 大匙
米酒 1 大匙
中型馬鈴薯 1 顆
蒜頭 2 顆
奶油 1 大匙
鮮奶 1/4 杯
鹽巴 / 黑胡椒粉適量

1　牛絞肉炒熟，與蔬菜丁／蘑菇翻炒

2　加入黑胡椒牛排醬與番茄糊炒香

3　最後用米酒嗆鍋，酌量加鹽巴／黑胡椒粉調味完成肉餡

4　馬鈴薯切片，與蒜頭一起煮軟，瀝乾水份，與奶油／鮮奶／鹽巴／黑胡椒粉一起攪成薯泥

5　取盤子，將肉餡鋪底，再鋪上馬鈴薯泥，入烤箱烤到薯泥上色即可

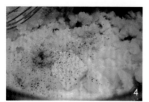

| 貼心 Note | • 若沒有番茄糊，用等量的義大利麵紅醬取代 |
| | • 各式絞肉與蔬菜類都任意搭配做變化 |

2-6

練習二・西式經典康福料理

鹹酥烤雞鬆餅塔

這道 **Chicken and Waffle** 是一道傳統的家庭式料理；結合了早餐最愛的鬆餅與邪惡又美味的脆皮雞，淋上楓糖漿，甜甜鹹鹹的酥脆口感，適合撇開刀叉，放肆的用手抓著吃，邊懷念家的味道。也可以再蓋上一片鬆餅，夾點生菜與起司，變化成鬆餅三明治；不管是正餐，點心，或下午茶，隨時都可以滿足的咬下一大口。

材料

去骨雞腿 2 隻

醬油 1 大匙

地瓜粉 2 大匙

黑胡椒粉 1/8 小匙

鬆餅材料

中筋麵粉 150g

泡打粉 3g

鹽巴 2g

糖 25g

雞蛋 1 顆（蛋白蛋黃分開）

鮮奶 240ml

蔬菜油 80ml

1　雞腿切小塊，用醬油醃 10 分鐘。地瓜粉與黑胡椒粉拌勻，醃好的雞腿均勻沾上裹粉

2　烤箱預熱 375 ℉ 或 185℃烤 15 分鐘；或至表面金黃內部熟透即可

3　製作鬆餅：蛋白用打蛋器快速攪打成硬性發泡；即雲朵狀，拉起時尾端尖挺

4　中筋麵粉 / 泡打粉 / 鹽巴 / 糖拌勻，加入鮮奶 / 蔬菜油 / 蛋黃攪拌至無顆粒狀的麵糊

5　麵糊輕輕拌入**步驟 2** 的蛋白霜成為鬆餅麵糊

6　鬆餅機預熱，倒入調好的麵糊，烤 2-3 分鐘完成鬆餅

7　組合：鬆餅上擺幾塊烤雞塊，再淋上蜂蜜或楓糖

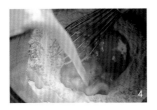
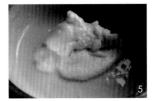

貼心
Note

• 若選用帶骨的雞肉，請延長烘烤的時間

• 打發蛋白可以讓鬆餅吃起來脆口又膨鬆，千萬別省這個步驟

2-7

練習二・西式經典康福料理

沙茶香烤豬肋排

全家都是豬肋排的忠實粉絲，尤其是愛它可以直接用手拿，一咬下就骨肉分離，甜甜鹹鹹的燒烤醬沾滿整個嘴邊，啃完一根還想再吃的留戀著。塗上厚厚的沙茶烤肉醬，讓西式豬肋排來點不一樣的面貌，還可同時烤些蔬菜或菇類當配菜，再來點餐前麵包；就這樣簡單的把餐廳料理搬回自家廚房，讓家人一再回味的──家裡的味道！

材料

豬肋排 6 根
肉類醃料粉 2 大匙
可樂 1 罐
鹽巴 / 黑胡椒粉適量

烤肉醬

沙茶醬 2 大匙
番茄醬 1 大匙
蜂蜜 1 小匙
水 1 大匙

食景練習：來自波士頓的 50 道鄉愁之味

1　肋排兩面抹上醃料與適量的鹽巴／黑胡椒粉

2　將醃好的肋排入鍋，加一罐可樂，燉煮 45 分鐘

3　同時將烤肉醬材料攪拌均勻，煮滾備用

4　燉煮好的肋排，塗上烤肉醬，375 ℉ 或 190℃ 烤 20 分鐘

5　中途需翻面一次，且每五分鐘取出再抹烤肉醬

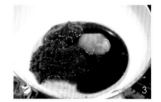
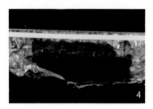
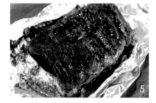

貼心
Note
・ 若要省略燉煮過程直接用炭烤或烤箱，請將醃好的肋排用錫箔紙包起來烤 90 分鐘再打開錫箔紙烤 20 分鐘讓表面上色

2-8 千層肉醬烤茄子

茄子是蔬食料理中很常用的食材；且茄肉相當具有可塑性，能吸附任何美味的醬汁。而茄子的功能性也很廣，從前菜沙拉到主食，它可挑大樑也可當小兵。這道焗烤千層麵的改良版，利用厚切茄子來代替義大利麵，層層鋪疊上酸甜肉醬，濃郁蘑菇白醬，香料青醬以及大把的乳酪絲；一大口咀嚼所有美味，美麗心情隨即而來！

材料

西洋茄 1 根
義式番茄肉醬 2 杯
蘑菇 4 朵，麵粉 1 大匙
鮮奶 1 杯
乳酪絲 1 杯
青醬 1 大匙

1　蘑菇切片炒軟，加入麵粉拌炒

2　倒入鮮奶攪拌煮滾至濃稠，用鹽巴／黑胡椒粉調味成為白醬備用

3　茄子切 1 公分厚片，用少許油煎，表面灑鹽巴／黑胡椒粉調味

4　取深烤盤，底部鋪一層肉醬，再鋪茄子片與白醬

5　灑上乳酪絲與青醬後，重複餡料層層堆疊

6　鋪好的千層茄子用烤箱 350 ˚F 或 180℃ 烤 20 分鐘

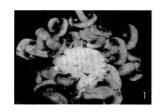
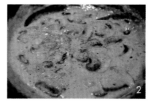
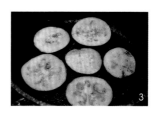

貼心 Note
- 番茄肉醬與青醬的作法可參考 p.082 與 p.103
- 西洋茄也可使用中式茄子

食景練習：來自波士頓的 50 道鄉愁之味

2-9

練習二・西式經典康福料理

蟹肉玉米巧達濃湯

第一次吃到麵包盅巧達湯是在我踏上美國土地的第一站：舊金山國際機場的美食街，來來往往穿梭的旅客們，我一人候著前往波士頓的班機，心裡充滿著對未來的期待與徬徨，掛念著離開的家人。一盅玉米巧達湯，陪伴著我在轉機時刻渡過如此漫長的等待，卻也安撫了即將展翅飛翔的異鄉遊子，喝起來暖暖的，當然心也跟著暖了起來。

材料 🥤
麵包盅 1 顆
玉米 3 大匙
青豆 2 大匙
中型洋蔥 1 顆
蒸熟蟹肉 1/4 杯
麵粉 3 大匙
奶油 1 大匙麵粉 3 大匙
雞高湯 500ml
鮮奶 250ml
黑胡椒粉適量

1　麵包盅切開蓋子，將內部挖空，邊圍留一公分厚的麵包體，入烤箱烤脆備用

2　少許油爆香洋蔥／玉米／青豆，加入麵粉／奶油炒香

3　倒入雞高湯與鮮奶後，攪拌均勻並煮滾

4　再加入蒸熟的蟹肉，轉小火慢熬 3 分鐘待味道融合，灑上黑胡椒粉，將煮好的巧達濃湯盛入麵包盅即可

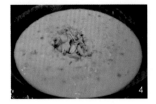

| 貼心 Note | • 任何燙熟的海鮮類都可以代替熟蟹肉，起鍋前加入提鮮，不適合煮太久 |
| | • 麵包盅預先烤硬，可避免接觸到濃湯時，軟化的太快 |

2-10 味噌椰奶焗烤通心麵

講到 Comfort Food 怎麼可以遺漏外國人最愛的 Mac & Cheese 呢！基本款的焗烤通心粉可是家喻戶曉的口袋菜單，加上各式各樣的配料，風味如此百變，當然受歡迎的程度可想而知。莎莎家脫穎而出的味噌＋椰奶，著實讓基礎的起司白醬多了更深層的香氣；起鍋前才灑上燻鮭魚，熟度剛剛好，而鹹香風味更與白醬融合為一體。

材料

通心麵 1 盒
櫻花蝦 1 大匙
燻鮭魚 30g
辛香料一把

起司白醬

高湯或水 400ml
椰奶 400ml
乳酪絲 275-300g
味噌 1 大匙
黑胡椒粉適量

1　將通心麵煮到八分熟後撈起備用

2　鍋中少許油爆香櫻花蝦，加入高湯／椰奶／乳酪絲／味噌，中小火煮滾

3　利用乳酪絲來調整濃稠度，加黑胡椒與薑黃粉（可省）調味

4　把通心麵倒入白醬中攪勻，並加入燻鮭魚

5　起鍋前灑上大把的辛香料（如香菜／巴西利／蘿勒……等）提鮮，盛盤後，表面灑上麵包粉進烤箱焗 3-5 分鐘即可

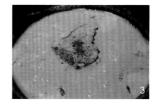

| 貼心 Note | • 乳酪絲種類可隨個人喜愛搭配。我用了兩款：帕瑪森與巧達起司 |
| | • 起司白醬屬於重味道的醬汁，提鮮解膩的大把辛香料千萬不可省略 |

食景 II
早午餐的問候

以前在台灣念書時，每天早上六點半起床趕校車，從家裡到校車接駁站的路上，就會經過兩三間早餐店。冬天裡昏暗的早晨，豆漿、蒸饅頭、煎蛋餅、五穀飯糰，燒餅油條的香氣，真是振奮人心，吃飽飽準備上學去；後來，西式早餐店興起，只好提早 10 分鐘出門，就是為了要吃個火腿蛋三明治配奶茶，煎蘿蔔糕、小熱狗、漢堡，現點現做，門口總是大排長龍。

來到美國，真是大衝擊，怎麼早餐只有冷冷的牛奶配一碗玉米穀片！吐司夾花生醬！貝果抹奶油乳酪！配咖啡或柳橙汁醒腦……就這樣？我的溫暖早餐時光夢，就這麼破滅了……

為什麼？從我來美國生活十幾年的角度看來，其中一個原因：美國地大。舉我家做為例子，老公每天要開車一小時上班，八點以前一定要離開家，有時為了避免塞車，七點就得出門，這時我可能還在睡覺，只好幫他準備簡單的麵包類當作早餐，而公司的茶水休息區有提供咖啡；有次我提早五分鐘起床幫他蒸個饅頭，他一直碎念「蒸好了沒？我要出發了！到底蒸好沒？」所以我算過，他每天早上起床後，換衣服跟盥洗，五分鐘，就出門了！另一個原因是生活習慣不同，很多美國人在早上洗澡，這也佔用了一些時間。所以早餐文化 Grab & Go（拿了就走）就這樣形成；家裡弄個吐司夾果醬，烤個貝果，或是上班途中買一下早餐……等等簡單便利的早餐選項。

前幾年歐美流行的隔夜冷泡燕麥，就是為了迎合這樣的生活模式而產生的；做法就是前一天晚上用玻璃罐把燕麥／奇亞籽浸泡在腰果奶／杏仁奶／豆漿類，再擺上各類新鮮水果淋上蜂蜜，隔天早上準備出門時，從冰箱拿了就走！除了家裡吃，就是外面買了；沿路不管是鎮上的咖啡小舖，知名甜甜圈連鎖店，星巴克，甚至速食餐廳都有很不錯的早餐選擇，有時候為了便民，越來越多店家也都有得來速的服務喔 ① ②！

而「早午餐」這個詞相信大家也不陌生；Brunch 是 Breakfast 早餐跟 Lunch 午餐兩字的縮寫，也就是指早午兩餐併一餐吃的意思；而且早午餐還不是每天都有喔，往往只有週日限定！所以很多餐廳都會供應 Lunch、Dinner，and Sunday Brunch。為什麼只有星期日？美國朋友說，因為星期日一早要去教堂做禮拜，結束之後約 10 點，索性早午餐一起吃了！加上當地很多節日剛好又在星期日，譬如復活節、母親節、感恩節、聖誕節……剛好多了一個理由可以與家人朋友聚聚，吃一頓豐盛的早午餐。

Sunday Brunch 的時段是早上 11 點到下午 2 點左右，餐點的選擇也就是鬆餅、法國吐司、歐姆蛋、鹹派、班尼克蛋，以及各類的烤麵包（瑪芬、可頌、貝果、司康或比斯吉……等等）。一直以來，我最喜歡的 Brunch 店家，是位於波士頓市中心的法國餐廳 Mistral；從餐前麵包、咖啡到各式主餐，都看得到主廚的用心，別出心裁與巧妙的食材搭配，讓早午餐有了不一樣的色彩 ③～⑧。偶爾嚐嚐廚師們的手藝，也可以在自己的小小腦袋瓜內激起一些料理的靈感，非常值得！你們也跟我一樣喜歡早午餐嗎？

甜甜圈連鎖店的早餐選項 ①

②

位於波士頓市中心的法國餐廳 Mistral
的早午餐選項；從餐前麵包、咖啡到
各式主餐，都看得到主廚的用心。

③

④

⑤

練 習 三

主餐

Main Course

—

當義式番茄肉醬麵遇見夜市鐵板麵

3-1 義式番茄肉醬義大利麵

雖然從超市買即食的義大利麵醬很方便，品牌多，種類豐富可選；可是從頭做起的自熬番茄肉醬，不管是甜度酸度跟濃郁度隨口味調整，恰到好處，只能用無敵來形容了！家裡收集了很多不同圖案的義大利麵來配各式的醬，女兒們喜歡蝴蝶麵與番茄肉醬，或許是橘紅色的蝴蝶結滿足了她們的公主情懷；儘管如此，有乖乖把食物吃光光，媽媽就心滿意足了！

材料

番茄罐頭 2 罐（約 820ml）

牛絞肉 450g

洋蔥 1 顆

蒜頭 3 顆

紅酒 50ml

醬油 1 大匙

麻油 1 小匙

月桂葉 1 片

奧勒岡 / 百里香各 1/4 小匙（可省）

鹽巴 / 黑胡椒 / 糖 / 起司粉適量

1　牛絞肉下鍋炒熟，再將洋蔥丁與蒜末爆炒

2　加紅酒 / 醬油 / 麻油嗆鍋

3　倒入番茄罐頭 / 月桂葉 / 奧勒岡 / 百里香一同熬煮

4　煮滾後，加入適量的鹽巴 / 黑胡椒粉 / 糖調味，再小火續熬 15 分鐘

5　同時將義大利麵煮 9 分熟

6　食用前再把義大利麵與肉醬下鍋拌炒，起鍋前灑上起司粉

貼心
Note　• 如果沒有番茄罐頭，也可以直接用市售義大利麵紅醬代替，只是成品的香氣味道會不同
　• 義大利麵的種類可隨意變化

3-2

練習三・主餐

台味洋蔥野菇鐵板麵

我從小就是個好命孩子,爸媽常常帶我們嚐遍當時流行的餐廳。牛排館,西餐廳,日本料理,燒肉……這些選項都是我小時候就常吃的料理。隨著時代變遷,小時候的牛排館已經變成街頭巷尾的國民小吃,儘管如此,鐵板麵依然是我的最愛!雖然它很樸實,卻是記憶裡童年的味道。

這款洋蔥野菇醬可中可西;拿來做中式拌麵,或是西式排餐淋醬都很適合。今天剛好是一週一日的「無肉日」,簡單的搭配煎太陽蛋,燙青菜,跟涼拌小黃瓜。說真的,老公壓根兒都沒發現餐桌上沒有肉!蔬食也是可以很有魅力的唷!

材料 🍵

菇類（蘑菇／杏鮑菇）300g
乾香菇 5 朵
洋蔥 1 顆
蒜頭 3 顆
中筋麵粉 3 大匙
番茄醬 2 大匙
素蠔油 2 大匙
烏醋 1 小匙
高湯或水 3-4 杯 （量米杯）
鹽巴／黑胡椒粉適量
麵條適量

事前準備 菇類切片；乾香菇先用一杯水泡發後，擰乾切成絲備用

1 少許油爆香蒜末後，加入菇類與洋蔥一起炒

2 菇類與洋蔥炒軟後，與麵粉翻炒均勻

3 倒入高湯或水，番茄醬，素蠔油，烏醋慢慢攪拌均勻
   - 高湯或水請先加 3 杯，煮滾後視醬汁濃稠度再調整水份

4 煮滾後，小火熬煮 5 分鐘，最後用鹽巴 / 黑胡椒酌量調味就完成洋蔥野菇醬

5 把熟麵條與洋蔥野菇醬一起翻炒即為台味鐵板麵

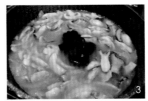

貼心 Note
- 菇類可隨個人喜好搭配：鴻喜菇、雪白菇、舞茸菇……等等
- 我在起鍋前還特別加入一大匙的油蔥酥、蒜酥與少許香油添加香氣，台味十足喔

3-3

練習三・主餐

泰式雞肉酸辣涼麵

每個夏天回台灣放暑假時，一定得請媽媽特製招牌涼麵，清爽又開胃，炎炎夏日就愛這一味。回到美國要買個涼麵專用的麵條確是難上加難啊，只好用義大利天使細麵來代替，沒想到效果一樣好，還不用擔心市售油麵有添加食用色素的疑慮。這道微酸微辣的泰式涼麵，搭配涼爽的蔬菜與雞絲，加上帶點甜味且有嚼感的油漬番茄絲與脆口花生，看了就令人胃口大開。

材料
天使細麵 1 人份
橄欖油 1 小匙
雞絲 20g
蔬菜類適量
油漬番茄 1 片
花生 1 大匙

醬汁材料
泰式甜雞醬 1 大匙
檸檬汁 1 大匙
魚露 1/2 大匙
楓糖漿 1/2 大匙

1 醬汁材料全部拌勻備用

2 天使細麵煮熟撈起瀝乾水份，趁熱加橄欖油拌勻防沾黏

3 處理蔬菜類；川燙，或生食。油漬番茄切絲

4 將麵條、雞絲、蔬菜類、油漬番茄絲與醬汁一同拌勻，灑上花生即可

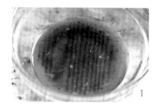  

| 貼心
Note | • 麵條千萬不要煮熟後泡冷水，會變硬。直接趁熱拌橄欖油即可防沾
• 醬汁比例請隨個人口味調整 |

3-4

練習三・主餐

越式芒果鮮蝦細麵捲

只要去越式餐廳除了越南湯麵之外，必點的就是這道夏捲 Summer Rolls 了。簡單的開胃涼菜吃起來既清爽又有飽足感，每到炎炎夏日胃口不好時，就會想起這道輕涼的料理。尤其內餡選擇繽紛的五彩顏色，搭配起來鮮豔亮麗，除了視覺效果加分之外，也可以提振食慾！當然讓這道細麵捲美味大加分的就是我特調的沾醬：市售甜雞醬 / 花生醬 / 魚露 / 檸檬汁，老公吃了大讚：不輸餐廳水準喔！

材料

越南米紙數張
芒果 1 顆
鮮蝦 8 尾
紅甜椒 1 顆
生菜葉數片
薄荷葉數片
麵線 1 綑

1 麵線燙熟，用飲用水把表面黏液洗淨，拌 1 小匙的香油防沾黏

2 將內餡材料備齊：芒果與紅甜椒切條，鮮蝦燙熟頗半

3 取有點深度的小盤，內裝適量的飲用水，將米紙完全浸泡在水內，約 10-15 秒回軟

4 熟食砧板上平鋪軟化後的米紙，擺好**步驟 2** 的內餡材料

5 用捲潤餅的手法將其捲起即完成

  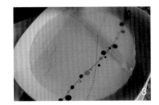

貼心 Note	• 內餡材料可隨個人喜好做變化
	• 米紙的彈性有限，所以捲的時候不要包得太緊以防破裂

3-5 雙筍雞肉燉飯

剩飯做炒飯不稀奇，大家都這樣做。剩飯做燉飯稀不稀奇？！忙碌煮婦（夫）的偷懶大絕招，快速 10 分鐘做燉飯，少了生米炒成熟飯的步驟，平日在家也可以吃高級餐廳料理，這樣夠稀奇了吧！雖然我可以自稱全能煮婦，可要每天都四菜上桌，光是想菜單也會傷破腦筋的！偶爾給自己放放假，來個一鍋吃到飽也是很不錯的 Idea。學會基本的燉飯手法，超百搭的隨意配對；鮮蝦菠菜燉飯，干貝南瓜燉飯，或是做成中式的沙茶牛肉青江菜燉飯也是一絕喔！

材料

白飯 1 碗
去骨雞腿 1 支
蒜頭 1 顆
玉米筍 5 支
蘆筍 3 根
菇 1 把
高湯 2 杯
鮮奶 1 杯
乳酪絲 2 大匙
義式綜合香料少許
鹽巴 / 黑胡椒適量

1 雞腿兩面灑上義式香料與鹽巴 / 黑胡椒後，下鍋煎熟備用

2 利用鍋內煎雞肉的油脂爆香蒜末，並加入玉米筍 / 蘆筍 / 菇類炒香

3 倒入白飯與高湯，一同熬煮

4 待米粒充分吸收高湯呈現濃稠後，爐火維持中小火，再倒鮮奶與乳酪絲
  • 鮮奶與乳酪絲高溫加熱容易沾鍋，請維持中小火，並不時的攪拌

5 同時慢慢攪拌，燉飯越來越濃稠。起鍋前用鹽巴 / 黑胡椒做最後調味

6 燉飯盛盤後，擺上切片的香煎雞腿即完成

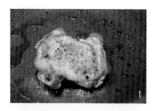

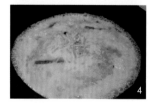
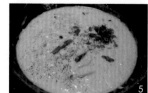

貼心 Note • 喜歡吃燉得更軟綿口感的，可以酌量添加高湯或鮮奶熬煮

3-6

練習三・主餐

香腸南瓜燉飯

離鄉背井到外地念書的前一段時間，我非常的喜歡吃燉飯；原因是我媽媽不會煮燉飯，所以對我來說燉飯是非常新鮮的料理。燉飯可以做很多變化，不管是搭配任何食材，都可以擦出不一樣的火花。台式香腸的鹹香氣可以綜合南瓜的甜味，些微的薑味與咖哩粉竟是畫龍點睛的大功臣。快速又美味的暖呼呼燉飯，非常適合忙碌週間的一鍋煮料理喔！

材料 🥛

白飯 1 碗

蒸熟香腸 1 根

蒸熟南瓜半杯

蘑菇 3 朵

冷凍青豆仁 1 大匙

薑 1 片

雞湯或水 2 杯

咖哩粉 / 鹽巴 / 黑胡椒粉適量

1　少許油爆香薑與香腸切片

2　加入蘑菇炒香後，倒入白飯與南瓜

3　分 2 次加入雞湯或水，並用咖哩粉 / 鹽巴 / 黑胡椒粉調味

4　熬煮過程中請不停的攪拌，起鍋前加入青豆仁即完成

貼心 Note	• 視個人喜歡米飯的軟嫩口感酌量增減雞湯的份量
	• 盛盤後可以灑上起司絲提香

3-7

香酥烤飯糰

家裡有小孩之後，吃的越來越健康，尤其是炸物更是盡量避免。當然不想炸得整屋子油煙味也是其中之一的原因！取而代之的就是很流行的烤箱烘烤或氣炸鍋料理。烤得酥酥脆脆的小飯糰，總是讓女兒們愛不釋手，尤其是沾著番茄醬一起吃，一口咬下還有爆漿的起司，實在是很誘人。這道「過三關」料裡除了烤飯糰之外，醃過的豬排或是雞腿排也很適合拿來運用喔！

材料 🍵

燉飯 1 碗
地瓜粉或太白粉 2 大匙
雞蛋 1 顆
日式麵包粉 1/2 杯
起司 1 條

食景練習：來自波士頓的 50 道鄉愁之味

1 用冰淇淋勺或湯匙當容器，將燉飯中間夾起司塊，再搓成圓球狀

2 取小炒鍋，少許油把麵包粉炒至金黃色

3 將飯糰過三關：均勻的沾裹地瓜粉 → 蛋液 → 麵包粉

4 靜置 5 分鐘，讓表面的麵包粉確實的包覆住飯糰

5 烤箱預熱 400 ˚F 或 200℃ ，烤 5-8 分鐘

貼心 Note	• 麵包粉需要用少許油炒香，可避免高溫烘烤後吃起來太硬會刮嘴巴
	• 若沒有烤箱，可以直接用平底鍋煎到表面酥脆即可

3-8

練習三・主餐

菠菜青醬義大利餃

年輕時吃義大利麵一定要到西式餐廳，記得當時還只流行紅醬與白醬；漸漸的青醬也開始出現在菜單中，只是價格不太親民，所以常常為了省點錢而「假裝對它沒興趣」。直到出國念書，沒想到青醬竟是超市裡隨手可得的材料，就這樣它成了我學生時代自以為奢侈的餐點。直到有一次為了做三杯雞買了一包九層塔，那包九層塔的量大概足夠我做 15 盤三杯料理。於是我就把剩餘的九層塔拿來打成青醬，結果就「一試成主顧」了！自製青醬的香氣清新又飽滿，跟市售青醬比幾來簡直就是無與倫比的美味！除了拌義大利麵之外，青醬還可以拿來當三明治抹醬，沾麵包，炒菜，醃肉，甚至搭配涼拌海鮮，算是超萬用的香料油喔！

材料 🥤

橄欖油 1 杯

菠菜葉手抓一把

九層塔葉手抓一把

香菜葉手抓一把

蒜頭 3-5 顆

腰果 2 大匙

帕馬森起司 1 大匙

鹽巴 / 黑胡椒粉適量

義大利餃 / 麵適量

1 將菠菜葉 / 九層塔葉 / 香菜葉洗淨後，用熱水燙 10 秒立即取出放入冰塊水冰鎮

2 菜葉擰乾水份，與橄欖油 / 蒜頭 / 腰果 / 起司放入食物調理機攪打成細末

3 最後用鹽巴 / 黑胡椒粉酌量調味完成青醬

4 自製青醬請使用乾淨的玻璃罐裝起，放冷藏保存，近早食用完畢

5 可直接拌義大利餃子或是各式義大利麵條

貼心
Note

- 很多青色的食材都可以拿來製作青醬，如：青豆、酪梨、羽衣甘藍……等；不同組合會有不同的風味
- 堅果類也都可以代替腰果，如：松子、杏仁、核桃、榛果……等

鮮蝦餛飩麵片湯

超市常見的 **Tortellini** 是一款義大利麵餃類，內餡通常是起司為主；造型可愛，女兒們常常被吸引，但味道卻不是想像中的「習慣」。所以我把中式餛飩改個造型做成鮮蝦口味，再用雞湯煨了些麵片與蔬菜，起鍋前打上蛋花就完成清爽的湯品主餐，健康營養又有飽足感。因為所有材料都是一口可食，我用寬口的馬克杯湯容器，直接用湯匙舀著吃，很有學生時代吃杯麵的感覺。

材料

鮮蝦 100g
餛飩皮 15 張
雞蛋 1 顆
芹菜葉 1 小匙
麵片 1 碗
蔬菜類適量
高湯 2 碗
鹽巴 / 白胡椒粉 / 香油少許

1　鮮蝦與 1 小匙蛋白 / 芹菜葉 / 鹽巴 / 白胡椒粉 / 香油一起用調理機打成泥狀

2　取適量蝦泥，鋪抹在餛飩皮上

3　依個人手法整形好餛飩

4　將餛飩下鍋煮熟備用

5　另取一鍋熬煮高湯 / 蔬菜類 / 麵片，起鍋前加入煮好的餛飩並打上蛋花

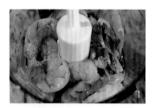

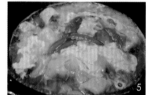

貼心
Note

- 高湯可使用自己喜愛的鍋底
- 麵片可使用麵疙瘩或麵條，熬煮粥品搭配也可以

3-10

練習三・主餐

咖哩牛肉麵疙瘩

咖哩，是媽媽的懶惰一鍋煮的必備名單，也是家裡美食排行榜上的 **Top10**；搞得外食的時候，餐廳水準的咖哩都沒有家裡的好吃！媽媽的三樣秘密武器就是蔬菜泥熬製的濃郁湯底，紅酒，以及黑巧克力。只要這鍋咖哩熬煮好，淋上白飯，或是做成焗烤麵，甚至是沾著印度烤餅吃，都是一等一的營養好餐唷！

材料 ☕

牛肉 450g

櫛瓜 / 紅蘿蔔 / 西洋芹 / 洋蔥各一杯

咖哩塊 4-5 小塊

紅酒 1 杯

水 2 杯

黑巧克力 1 小片

麵疙瘩適量

1　牛肉塊表面灑少許鹽巴 / 黑胡椒粉，入鍋煎至表面上色，盛盤備用

2　蔬菜類用食物調理機打成細末，下鍋用煎牛肉的油脂炒香

3　將牛肉回鍋，倒入紅酒 / 水，蓋上鍋蓋小火熬煮 40 分鐘

4　再加入咖哩塊與巧克力，續熬 10 分鐘

5　食用前加上煮熟的麵疙瘩翻炒一下即可

貼心　　• 可搭配雞肉或豬肉
Note　　• 巧克力的選擇以 65% 或 72% 較佳，甜味巧克力不適合

食景Ⅲ
午餐探索

來美國唸研究所時，總是好奇著學校附近有什麼好吃的，當我開始慢慢的探索之後，赫然發現外食好貴啊！吃膩了幾天的漢堡披薩後，來到中餐館買了三寶飯，竟然要價七塊美元（約台幣210元），而且還是十五年前的價錢！逼不得已的情況下，只好開始自己做飯、帶便當。每到午餐時間，與三五好友相聚在音樂系館的交誼廳吃便當，這時交誼廳的空氣就像聯合國一般，滷肉、咖哩、泡菜、披薩、義大利麵……然而，帶便當似乎不是美國人的習慣；音樂系館對面有間快餐店，每到午餐時間，系上的老師跟學生就像包場一樣到店裡光顧，沙拉、披薩、各式的冷熱三明治、漢堡，簡單的義大利麵再配個冷飲，就這樣解決一餐。

老公跟女兒都帶便當。老公的外國同事們也吃得很簡單；蘋果配洋芋片就可以充飢，下午肚子餓再吃些巧克力能量棒；要不就跟部門同事一起吃披薩；更優渥一點的就是去餐廳。女兒是班上唯一吃熱便當的學生（我將她把午餐裝在保溫餐盒），她說同學們很多都吃餅乾、優格、起司、吐司、水果、冷的雞塊、熱狗，要不就買學校餐廳的午餐，像是炸魚、牛奶加麥片……等等。 我聽到女兒的描述時，嚇了一跳，不過套句校長說的話：「小朋友一起吃飯很多時間都在聊天，不可能安靜的專心吃飯，所以午餐只是要讓他們吃了不會餓肚子，而不是要填飽肚子的。」

如同早餐一樣，美國當地的午餐文化比較像是快餐，譬如 Subway 這類的三明治店，或是街上到處看得見的 Local Pizza Store，速食快餐如麥當勞、漢堡王都是一般會出現在午餐外食菜單的選項之一。當然美國這個世界大熔爐也有許多異國料理的午餐選擇，如台式排骨飯、越南牛肉湯麵、日式壽司套餐、泰式炒河粉、韓國泡菜拌飯、墨西哥捲餅、港式飲茶……這些菜色對於喜歡嚐鮮的外國人來說，真是一大福音，提供了更多樣的食物與用餐心情的選擇。很多餐廳為了鼓勵消費，週間時段都有 Lunch Special 的服務，就像商業午餐這種形式：

Soup And Salad 套餐、½ Sandwich & ½ Salad Or Soup 套餐。當然也有正餐類的餐點：各式義大利麵、牛排……但屬於午餐時段，份量較少，價格也相對優惠。我個人喜歡的外食午餐，第一間是 Chick-Fil-A 雞肉漢堡專賣店，全店內的主餐商品都是以雞胸肉製成，我偏愛豪華炸雞堡 ①，雖然豪華只是多加了幾片生菜與番茄，但是除了雞胸肉炸得鮮嫩多汁之外，格子薯片也是亮點之一。第二間是美東專屬 Shake Shack 漢堡專賣店 ②，我們一家三口造訪時，分別選了經典款美式牛肉堡 ③、培根起司牛肉堡 ④，以及招牌經典牛肉起司堡夾酥炸爆漿波特菇 ⑤，店內沒有組合套餐，薯條和飲料全採單點，我們稱它為「高級」快餐店。最後一間是小孩喜歡的全美連鎖義式餐廳 Bertucci's，每個店家都有 Pizza 窯 ⑥，炭火烤的脆皮披薩是小孩必點的餐食，午餐時段有無限量供應的餐前麵包與沙拉 ⑦。我最喜歡迷迭香烤雞排三明治與義式香腸番茄湯 ⑧，有別於一般三明治，它的麵包體是佛卡夏，夾了大量的碳烤蔬菜。老公喜歡的是基本款肉丸義大利麵 ⑨，肉丸鮮嫩多汁，煮到剛熟的麵條是他最愛的口感，當然、食物好吃與合理價格也是我們會持續光臨的原因。

回頭一想，起司牛肉漢堡、披薩配可樂、炸雞薯條餐……幾乎是美式快餐的代表了，雖然大家口中常喊著少吃垃圾食物，但是要實踐起來確實不容易，只好記得每回在點餐之前，設法瞭解、詳記各種食物的熱量，用餐完畢後，再以等量運動來做為罪惡一餐的交換與懺悔了！

Chick-Fil-A 的豪華炸雞堡

Shake Shack 漢堡專賣店

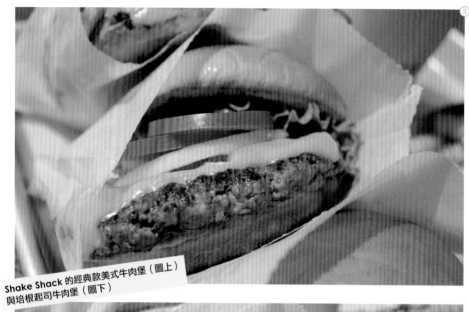

③

Shake Shack 的經典款美式牛肉堡（圖上）
與培根起司牛肉堡（圖下）

④

Shake Shack 的招牌經典牛肉
起司堡夾酥炸爆漿波特菇 ⑤

義式餐廳 Bertucci's ⑥

Bertucci's 無限量供應的餐前麵包與沙拉 ⑦

Bertucci's 的迷迭香烤雞排三明治與義式香腸
番茄湯（圖左）以及款肉丸義大利麵（圖右）⑧

⑨

練習四

速食快餐
Fast food

–

當美式漢堡遇見台灣刈包

美式經典牛肉漢堡

說到美式快餐最經典的就屬牛肉漢堡了；而經典漢堡中的經典配料一定是：Lettuce，Tomato，and Onion，這是走遍美國各地不變的漢堡原則。從基礎口味延伸的漢堡種類可說是千變萬化，配料層層堆疊：培根、蘑菇、酪梨、墨西哥辣椒、泡菜，甚至是各種口味的乳酪絲組合，樣式組合種類繁多，卻每每都是料多味美的「邪惡」美食，常常吃完一整個漢堡才開始擔心那要命的卡路里！

材料 🥣

牛絞肉 300g

漢堡包 2 個

生菜 / 番茄 / 洋蔥適量

乳酪絲適量

1　牛絞肉加入醬油調味

2　捏成直徑與漢堡包同寬的肉排，並在表面灑上鹽巴

3　肉排入鍋煎，中火，單面煎 2 分鐘

4　翻面再煎一分鐘

5　灑上乳酪絲與黑胡椒粉，蓋上鍋蓋悶一下

貼心 Note
• 肉排塑形時請勿重壓，肉壓太緊會造成漢堡口感變硬
• 煎的同時請勿用鍋鏟壓肉排，以免肉汁流失

食景練習：來自波士頓的 50 道鄉愁之味

有陣子很流行日本綜藝節目「料理東西軍」，每每總是被節目裡的美味佳餚吸引的肚子咕嚕咕嚕叫；尤其只要是上演漢堡排大戰時，內心澎湃的指數都飆高到 **100%**！日式漢堡排，吃得到肉香與蔬菜的鮮甜味，我還會做成不同大小來搭各款日式料理；像是肉丸子味噌湯，酥炸漢堡排三明治，味噌漢堡肉炒飯，或是肉末咖哩飯糰等等，都是非常美味又受歡迎的家常菜喔！

材料

豬絞肉 450g

洋蔥 1 顆

紅蘿蔔絲 3 大匙

青蔥 1 支

雞蛋 1 顆

吐司 1 片

蒜頭 1 顆

果醬 1 大匙

醬油 1 大匙

香油 1 小匙

1　少許油爆香蒜末，與洋蔥丁 / 紅蘿蔔絲 / 蔥花炒軟

2　將豬絞肉放入攪拌盆裡，加入**步驟 1** 的蔬菜末 / 雞蛋 / 吐司丁 / 果醬 / 醬油 / 麻油 / 黑胡椒粉

3　肉餡用手搓揉，攪打至有黏性

4　取適量肉餡捏成漢堡排形狀

5　放入鍋中，煎熟即可

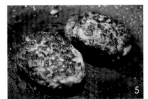

| 貼心 Note | • 果醬的功能是代替味醂的甜味，並增加肉餡黏稠感 |
| | • 吐司丁也可用麵包粉代替 |

4-3

豆瓣鯛魚可頌堡

市售魚堡幾乎都用炸魚片，吃起來較油膩；鍋煎豆瓣魚片雖是晚餐桌上的常客，偶爾拿來中菜西吃，做成煎魚堡也是 Perfect Idea。用香酥充滿奶油香的可頌，夾入大把大把的脆口蔬菜絲，平衡一下可頌的油膩，再與軟嫩又滑口的魚片搭配出口感與味道的衝突！忍不住多淋了些辣醬，是為了不想跟貪吃女兒們分享的媽媽快樂獨享餐。

材料

冷凍鯛魚片 2 片
可頌 2 個
蘆筍 2 隻
小黃瓜 1 條
紅蘿蔔 1 小條
香菜末 1 大匙
蜂蜜芥茉醬 1 大匙

豆瓣燒醬

豆瓣醬 1 大匙
醬油 1/2 大匙
米酒 1/2 大匙
麻油 1 小匙
味酥 1/2 小匙

1 蘆筍 / 小黃瓜 / 紅蘿蔔用刨刀刨細絲，與香菜末跟蜂蜜芥茉醬一起拌勻備用

2 鯛魚片解凍後，將紅肉部分剔除

3 將鯛魚片下鍋煎熟

4 起鍋前淋入豆瓣燒醬，讓魚片均勻裹上醬汁

5 可頌切半，用小烤箱烘烤一下，鋪上魚片與蔬菜絲沙拉即可

貼心 Note	• 魚片紅肉的部分有腥味，剔除為佳
	• 嗜辣的可用辣豆瓣代替或酌量添加辣椒醬

剛來美國念書時,其實很不習慣上超市採買,畢竟一個人生活,卻必須買量販包 Family Size 的份量;所以常常一包漢堡包吃一星期,因為連最小包都有 8 顆,不過這也成就了我亂亂夾都美味的異國風漢堡包。這道超簡單的中式滑蛋蝦仁有著 Q 彈的蝦仁與滑柔的嫩蛋,加上九層塔及乳酪絲的香氣,與烤得酥酥脆脆的小餐包,一咬下整個爆漿的口感實在是大大的滿足啊!

材料

大尾蝦仁 6 隻
雞蛋 2 顆
鮮奶 1 大匙
九層塔葉 1 小株
乳酪絲 1 大匙
小餐包 2 個
番茄醬 / 美奶滋各 1 大匙
鹽巴 / 黑胡椒粉適量

1 雞蛋 / 鮮奶 / 乳酪絲與少許的鹽巴 / 黑胡椒粉攪拌均勻成為蛋液

2 熱鍋少許油,將去殼去腸泥的蝦仁炒熟,並加鹽巴 / 黑胡椒粉微調味

3 淋上打好的蛋液,灑上九層塔葉,略為翻炒製蛋包呈現 8 分熟就關火

4 小餐包切半烤一下,抹上調合的番茄醬 / 美奶滋,再夾入滑蛋蝦仁即完成

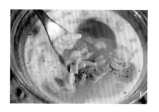

貼心
Note

• 九層塔也可以用其他辛香料代替,如:蔥花、香菜或羅勒葉

4-5

青醬雞肉三明治

常常上榜於各大知名 Café 午餐菜單的青醬雞肉三明治，有著厚實的雞腿、濃郁起司，跟風味獨特的青醬，搭配各式生菜沙拉與麵包，就是簡單的輕食套餐。尤其材料簡單，作法也不難，很適合週間偷懶不想煮三菜一湯時的口袋法寶餐。偶爾換換口味嚐鮮一下，雖然這道青醬雞肉 Sandwich 的組合久久吃一次，卻每每都得到家人的讚賞，真的很有成就感喔！

材料

吐司四片

雞腿排 1 塊

青醬 1 大匙

起司絲 1 大匙

番茄一顆

生菜一把

鹽巴 / 黑胡椒粉適量

1　雞腿排兩面灑上鹽巴 / 黑胡椒，熱鍋少許油，雞皮面朝下煎 3-4 分鐘後，再翻面煎 3 分鐘

2　煎至表面金黃且雞腿熟透

3　雞腿鋪上乳酪絲，淋上青醬，關火，蓋上鍋蓋悶 15 秒

4　吐司烤一下，鋪上青醬雞腿，搭配番茄與生菜，即完成三明治

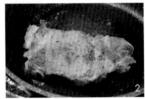

貼心 Note	• 可用任何款式的生菜作搭配，我使用的是菠菜葉
	• 起司我使用的是帶有煙燻口味，跟青醬的風味頗搭

4-6

多力多滋雞排三明治

雞胸肉只要料理得宜，其實一點都不乾澀喔！用不同的鹹餅
乾當作外衣，代替一成不變的麵包粉或地瓜粉，少許油煎還
是可以達到酥脆的效果。除了多力多滋外、洋芋片、杏仁片，
或是無糖的早餐玉米脆片都是很好的選擇，唯二重點就是，
一、雞排不要太厚，以免內部不熟而外衣已經過焦；二、雞
排的調味需要以鹹餅的鹹度做調整。多變美味三明治，輕鬆
完成！

材料

雞柳 4 條

多力多滋 1 杯

小黃瓜 1 條

美奶滋 2 大匙

柳橙 1 顆

生菜 1 份

麵包 2 個

1　多力多滋用調理機攪打成碎末

2　均勻的將雞柳條裹上餅乾碎

3　熱鍋少許油，將雞柳煎至表面上色內部熟透

4　小黃瓜切薄片並瀝乾水份備用

5　美奶滋加入 1 小匙的柳橙皮屑及 2 小匙的柳橙汁

6　組合：麵包烘熱，抹上橙香美奶滋，鋪上雞柳與黃瓜片，即完成

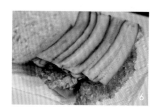

貼心 Note	• 美奶滋加入柳橙調味有解膩的作用；也可用檸檬或葡萄柚代替
	• 剩餘的柳橙搭配生菜，當作三明治的配菜，食材不浪費

4-7

洋蔥醬燒豬排三明治

義式拖鞋麵包（Ciabatta Roll）是我經常使用的三明治麵包，除了外酥內軟而有嚼感之外，麵包體不會被內餡的水氣浸濕而壞了口感。而這款台式烤肉必備的醬燒豬排與輕甜烤洋蔥，加上脆口的生菜，再淋上辣醬美奶滋；看似簡單的食材，卻滿載著豐富的味道。還特別灑上了海苔屑裝飾，沒想到竟有天外飛來一筆的效果，美味再升級。

材料 🥛

麵包 2 個

豬排 2 片

洋蔥 1 顆

生菜 1 碗

醬油 1 大匙

麻油 1/2 小匙

地瓜粉 1/2 小匙

抹醬 🥄

美奶滋 2 大匙

辣椒醬 1-2 小匙

1　豬排兩面用刀背輕敲斷筋

2　醬油 / 麻油 / 地瓜粉攪拌均勻，與豬排一起醃 10 分鐘

3　用鐵盤或平底鍋將豬排，洋蔥煎熟，麵包切半下鍋烘一下

4　將所有食材組合，淋上辣醬美奶滋即完成

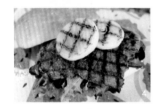

貼心 Note	• 不吃辣的，可以把辣椒醬換成番茄醬，調成千島醬使用
	• 豬排可用梅花肉或是里肌肉，或火鍋肉片代替

練習四・速食快餐

泡菜羊肉刈包

除了常見的吐司麵包、奶油餐包、漢堡包之外，刈包也是很方便的快餐法寶；它總是開口笑的夾住所有的材料，小寶貝在吃的時候也少了咬幾口之後，餡料全部從底部掉光光的窘境。用酸中帶點微辣的韓式泡菜來搭配羶味羊肉，有種「腥腥香惜」的獨特感，咀嚼時慢慢散發孜然粉的後勁，與脆口的小黃瓜跟泡菜雖有口感上的衝突，但口味卻相當和諧。

材料 🥣

刈包 2 個
韓國泡菜 30g
小黃瓜片 6-8 片
蒜頭 2 顆

羊肉漢堡排 🥄

羊絞肉 150g
韓國泡菜末 20g
素蠔油 2 小匙
麻油 1/2 小匙
黑胡椒粉 / 孜然粉各 1/8 小匙

1 漢堡排的材料全部攪拌均勻備用，同時將刈包蒸熟

2 平底鍋中少許炸蒜片，炸好後撈起

3 漢堡肉塑形，用蒜油煎熟

4 將蒸熟的刈包夾入漢堡排與小黃瓜片與泡菜，並裝飾蒜片即完成

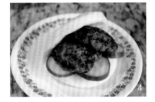

貼心
Note

• 羊絞肉也可用牛肉、豬肉或雞絞肉代替

牛肉起司捲餅

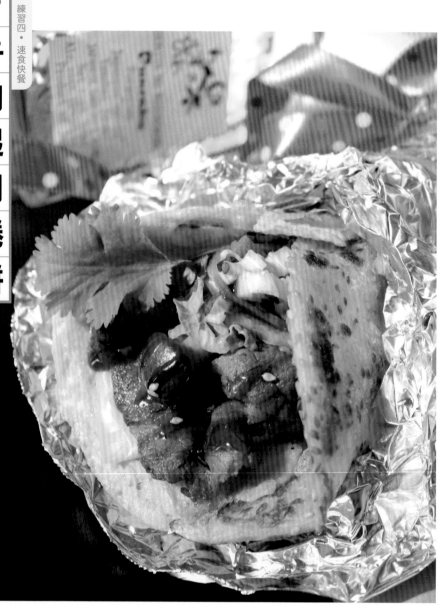

來美國的第一年，離住家不遠處有一間墨西哥捲餅店，每到用餐時間總是大排長龍，而我也是一試成主顧；**Q** 彈餅皮夾上各式餡料，用錫箔紙捲起來，一個捲餅幾乎都跟我手臂一樣粗，真撐得上是便宜又大碗的國民小吃了！我用了捲餅的概念，材料變化成容易取得的冷凍抓餅與中式涼拌菜，再夾著炒得香噴噴的醬燒肉片與融化的起司，連女兒們都稱讚好好吃唷！

材料 🍵

冷凍抓餅 1 張
牛肉片 30g
醬油 / 米酒各 1 小匙
菇類 1 小把
起司 1 片
雞蛋 1 顆

涼拌菜 🥢

白菜 / 紅蘿蔔適量
香菜葉 1 小匙
芝麻沙拉醬 1 大匙

1　白菜／紅蘿蔔洗淨後切絲，與香菜葉一起拌入芝麻沙拉醬

2　按照一般程序煎好一張蛋餅備用

3　牛肉片與醬油／米酒抓勻，與菇類下鍋炒熟

4　將蛋餅鋪底，擺上起司片，菇菇炒牛肉，與涼拌菜後捲起即完成

貼心
Note
- 抓餅也可以用蛋餅皮或蔥油餅代替
- 肉片／菇類／或是涼拌菜的種類，請依照個人喜好做選擇

4-10

叉燒香料薄餅披薩

近年來薄餅披薩比厚餅更受歡迎,主要薄餅口感酥脆,而且吃 2 片薄餅＝1 片厚餅的飽足感,就心理層面來看,少點負擔也多點滿足。特別在餅皮內加了各類的辛香料,吃到麵粉香之外,還有辛香氣;再搭配自製快速叉燒與鮮嫩多汁的炒蘑菇,加點營養的菠菜葉與小番茄,外賣披薩店都沒有的口味,只有媽媽廚房辦得到!

材料 🍵

豬肉 150g
蘑菇 2 朵
菠菜葉 1 小把
起司 2 片
醬油 1 大匙
麻油 1 小匙
味醂 1/2 小匙
蒜泥 1/2 小匙
米酒 1 小匙

薄餅材料 🥖

麵粉 1 杯(量米杯)
溫水 1/3-1/2 杯
蔥花 / 香菜末 / 芹菜葉 1 大匙
鹽巴 / 白胡椒粉少許

1　薄餅材料攪拌均勻，溫水慢慢加，直到麵粉攪拌成團即可停止加水

2　麵糰用手搓揉成團，蓋上保鮮膜鬆弛備用

3　豬肉切片，加醬油／麻油／味醂／蒜泥／米酒醃 10 分鐘

4　將磨菇與豬肉下鍋炒熟

5　麵糰分成兩份，擀開，下鍋煎熟，鋪上餡料，蓋上鍋蓋烘一下即可

貼心　　• 薄餅皮可當中式蔥油餅使用
Note　　• 餡料可隨意變換，但需要事先炒熟

食景IV
晚餐日常

對於我們家來說，一天最重要的一餐就是晚餐，可以全家圍在餐桌旁好好吃飯的一餐；所以菜色都是三餐裡最豐盛的一餐。雖然家裡還是以中式料理為主，四道菜或三菜一湯，偶爾吃餃子、炒烏龍麵、壽司，或是鍋物，但是無論吃什麼，都是以健康與營養均衡為出發點。西餐料理也會不時的出現在家裡的餐桌上，煎肋眼牛排，碳烤豬肋排，濃湯類配麵包，各式義大利麵或燉飯……等等；在媽媽的巧手變化下，這些西餐也很能討好小小孩的味蕾。

對於美國人來說，早餐跟午餐都是在簡單吃跟快餐中解決，晚餐自然而然就是一天中的大餐了。美國人的用餐習慣是「慢慢吃」，一邊聊天一邊吃，所以從上了餐前麵包到真正點餐的時間可能是 30 分鐘；一邊啃餐包一邊討論「你今天過得好不好？」「有沒有被老闆刁難？」聊完八卦後才開始討論「要吃什麼？」他們也喜歡在餐前喝點酒配一點前菜，先暖暖肚子來迎接豐盛（油膩？）的一餐。而真正的正餐就一定要有肉類或海鮮，不管是任何的排餐就是要有一塊大大的肉，再搭配幾款配菜；或是海鮮類搭配時蔬。飽餐一頓之後，還會吃個甜點，配一杯咖啡，而話題總是在明天又是忙碌的一天中結束。一餐下來，一、兩個小時是絕對跑不掉的；和我們在店裡吃碗三鮮炒麵配薑絲蛤蠣湯，再來份沙茶炒羊肉，30 分鐘就解決晚餐的型態是截然不同的！

說到這種「慢慢吃」的飲食文化，最經典的餐就是 Thanksgiving Dinner 感恩節大餐跟 Christmas Dinner 聖誕大餐了；這兩個節日也是一年一度家人團聚的日子，如同農曆年一樣，基本上從下午三、四點一直吃到睡前，隔天睡醒再繼續吃的模式。餐桌上的菜餚之豐富，真的是可以吃個三天三夜；主菜一定有的一大隻烤火雞，搭配滿山滿谷的配菜像是：馬鈴薯泥、焗烤青豆、肉桂香料烤地瓜、烤甘藍菜、蜜漬紅蘿蔔、蔓越莓醬，基本的沙拉跟餐前麵包，以及無限暢飲的紅白酒、啤酒與可樂。甜點以派類為主，有蘋果派、南瓜派、藍莓派、地瓜派、

餐前麵包 ①

義式佛卡夏 ②

炸花枝圈 ③

檸檬派⋯⋯他們喜歡在派上加一大球香草冰淇淋，淋上熱熱的焦糖醬，大快朵頤一番。圍繞著滿桌食物的是久久才相聚的家人朋友，邊吃邊聊天，無拘無束，話題無上限；串場的娛樂是交換禮物，打打撲克牌，圍著火爐烤烤棉花糖，閒話家常；團圓的場景無國界，我們團聚時做的也是這些事，只是多了麻將桌與台啤。

晚餐，雖然統稱西餐，但美式跟義式的選擇還是有些許不同。美式餐廳的餐前麵包習慣塗抹奶油 ①；而義式佛卡夏則是沾橄欖油醋 ②。前菜方面，美式招牌的炸雞翅、洋蔥圈之外，炸花枝圈也在排行榜名單上 ③；義式前菜，除了常見的炸乳酪條、焗蘑菇，他們會點一些重口味的小菜來配紅白酒，像是各式起司加臘腸拼盤 ④或各式醃漬泡菜與橄欖、烤時蔬、涼拌豆子拼盤 ⑤以及薄餅 pizza ⑥ 等，都是不錯的選擇。主菜方面，美式以排餐上桌，譬如煎奶油干貝佐南瓜與甘藍菜 ⑦、碳烤豬肋排佐包心菜沙拉與炸薯條 ⑧，沙朗牛排佐焗馬鈴薯派與酥炸洋蔥絲 ⑨。反觀義式卻很有趣的將主菜分為 Primi 跟 Secondi；Primi 像是主餐的前奏曲，各式的紅醬、白醬、青醬義大利麵，或是義式餃子 ⑩都歸類於此；Secondi就是正式的主餐，譬如烤鴨腿佐蒜香菠菜 ⑪與慢燉豬肉醬燒乳酪麵疙瘩 ⑫。如此一道接著一道的豐盛菜色，全然是名符其實「飽餐一頓」的感覺！

雖然在家用餐無法像在餐廳一樣那麼豐富、豪華，但是一些簡單的麵包、沙拉，再搭配煎雞腿或是魚排，甚至是漢堡薯條，三明治跟濃湯，雞翅配披薩，也同樣滿滿一桌子，任君選擇，選擇喜歡入口的味道，選擇適合當下心情的食物；我覺得美國人的主餐方式，如同生活方式一般，隨興自在，永遠瞭解自己的選擇，而他們熱愛的也多半是那段相聚共餐的美好時刻。

④

各式醃漬泡菜與橄欖、烤時蔬、涼拌豆子拼盤 ⑤

薄餅 pizza ⑥

煎奶油干貝佐南瓜與甘藍菜 ⑦

碳烤豬肋排佐包心菜沙拉與炸薯條 ⑧

沙朗牛排佐焗馬鈴薯派與酥炸洋蔥絲 ⑨

義式餃子 ⑩

烤鴨腿佐蒜香菠菜 ⑪

慢燉豬肉醬燒乳酪麵疙瘩

⑫

練 習 五

烘焙甜點

Dessert

—

當英式司康餅遇見七七乳加巧克力瑪芬

5-1 野莓煉奶蛋糕

練習五・烘焙甜點

一直以來紅豆牛奶冰都是我最愛的冰品，直到有料理知識之後，才知道原來淋在紅豆上面的一層雪白糖漿是煉奶。之後我對煉奶就抱持一種情有獨鍾的愛戀，每每使用煉奶在烘焙甜點上都會讓成品多了一份甜滋滋的幸福感。製做煉奶蛋糕我喜歡搭配莓類水果，它自然的酸甜味可以調合煉奶的甜膩；尤其是烤過之後的藍莓，不僅風味極佳且好似散發著淡淡憂傷的流著淚，好吸引人。若不是鮮果產季，果乾也是不錯的選擇喔！

材料

奶油 110g

白糖 45g

煉奶 120g

雞蛋 2 個

低筋麵粉 120g

泡打粉 4g

鹽巴 1g

草莓乾 1 大匙

藍莓 1/4 杯

事前準備 奶油從冰箱取出放室溫退冰 2 小時，草莓乾浸泡在蘭姆酒或溫水中軟化

1 奶油與白糖放入攪拌盆中打發至乳白色

2 加入煉奶打勻

3 陸續放入雞蛋與乾粉類（麵粉／泡打粉／鹽巴）攪勻即完成基本口味的蛋糕麵糊

4 草莓乾濾乾水份，與洗淨的藍莓一起拌進蛋糕麵糊中

5 取烤模，裝入八分滿的麵糊

6 烤箱預熱 350 ℉ 或 175℃，烤 25-30 分鐘

貼心 Note

- 原味蛋糕麵糊可搭配不同水果乾或堅果類來變化口味，但是不適合加入太多水果，因為水果預熱後軟化產生的水份，會破壞蛋糕口感，使蛋糕變得濕黏
- 烤溫以及烘烤的時間請依照自家烤箱特性作微調整。烤模大小深淺也會影響烘烤時間

食景練習：來自波士頓的 50 道鄉愁之味

我不愛肉桂粉，但我特愛加了肉桂粉的蘋果派。 就有如鹹酥雞跟胡椒鹽，薯條跟番茄醬的關係；缺一不可啊！而且我用了兩個偷吃步，牛奶糖代替熬煮焦糖，以及便利性極高的市售酥皮，省時又美味喔。再加上特調枸杞蘋果內餡，任意造型成自己喜愛的形狀，標榜著 Homemade 手作，不一會兒隨著烤箱內飄出溫暖的蘋果派香氣，立刻就可以在家享受悠閒的午茶時光。

材料 🍵

市售冷凍酥皮 375g

中型蘋果 1 顆

砂糖 2 大匙

枸杞 1 大匙

牛奶糖 6 顆

肉桂粉少許

雞蛋 1 顆

1 蘋果去皮切丁，與砂糖，枸杞，少許肉桂粉拌勻

2 冷凍酥皮回溫退冰 20 分鐘後，裁切成自己喜愛的形狀

3 在酥皮上放適量的蘋果餡，與切半的牛奶糖

4 蓋上另一片酥皮後，收邊處用叉子輔助壓合

5 雞蛋打勻，塗抹在塑型好的蘋果派上，表面可灑少許肉桂粉與糖粒（可省）

6 入烤箱 400 °F 或 200℃ 烤 12-15 分鐘即完成

貼心 Note

• 我使用的酥皮是美式的一大張 Puff Pastry Sheet；約台式起酥片 4 片的大小
• 蘋果的種類可隨意選擇，我用的是 Honey Crisp 甜中帶酸且脆口

5-3

黑莓芒果司康

下午茶豪華餐組合必備的司康餅，外酥內鬆的口感，不管是搭配果醬或是奶油都很讚。回想起第一次吃到司康餅是在波士頓紅襪隊棒球場附近的日本麵包店，是白巧克力與綜合莓類口味，酸酸甜甜又奶味十足，吃起來滿心歡喜。我選擇酸甜的黑莓與台灣名產玉井芒果乾做搭配，單純的只是喜歡這個顏色與風味的組合，與烤的時候在廚房裡散發的陣陣奶油香氣 。

材料

中筋麵粉 270g

泡打粉 12g

鹽巴 3g

糖 65g

冷凍的無鹽奶油 90g

鮮奶 170g

雞蛋 1 個

口味

黑莓 10 顆

芒果乾切末 1 大匙

食景練習：來自波士頓的 **50** 道鄉愁之味

1　麵粉 / 泡打粉 / 鹽巴 / 糖攪拌均勻，以切壓的方式將無鹽奶油混入乾粉中成小丁狀

2　雞蛋與鮮奶一起打散，加入**步驟 1** 麵糰中拌勻

3　將黑莓與芒果末拌入，成為濕黏的司康麵糰

4　麵糰表面灑點麵粉防沾黏，再用保鮮膜包好，冷凍 10 分鐘

5　取出麵糰，切成適當大小（表面塗上蛋液會上色更漂亮）

6　烤箱預熱 400 ℉ 或 200℃，烤 15 分鐘

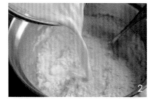

貼心
Note

• 新鮮水果與果乾可隨意搭配，也可添加巧克力豆或堅果類搭配

• 表面可淋上糖霜或巧克力醬裝飾

5-4

練習五・烘焙甜點

桂圓香蕉蛋糕

每次只要想做香蕉蛋糕，對我來說都是一個耐心大考驗。因為要把香蕉在室溫放個 **3-4** 天讓它發黑變軟，過程中還要叮嚀姊姊千萬不要偷吃了，否則就要重新「養蕉」。不過這漫長的等待是值得的，熟透的香蕉的確口感不好，但這香氣與甜度絕對是純天然的啊！而濃縮咖啡的使用，除了可以降低香蕉與桂圓的甜膩度之外，也多了一股溫潤而濃醇的味道。砌壺好茶，天涼就適合這款帶有淡雅氣質的桂圓香蕉蛋糕。

材料

熟透香蕉 4 根

桂圓 30g

表面裝飾黑糖 10g

濕性材料

蔬菜油 100ml

濃縮咖啡 60ml

乾性材料

中筋麵粉 240g

白砂糖 50g

黑糖 50g

鹽巴 3g

泡打粉 5g

肉桂粉 3g

1 熟透香蕉壓成泥狀

2 加入濕性材料拌勻

3 加入過篩的乾性材料

4 桂圓剪成小丁，與麵糊拌在一起

5 將麵糊裝模，表面灑上黑糖

6 烤箱預熱 350 °F 或 175℃，烤 60 分鐘

貼心 Note	• 製作香蕉蛋糕一定要使用表皮發黑的香蕉，軟綿度及甜度最適合最好吃喔
	• 表面也可灑上核桃增添口感

烤紫地瓜甜甜圈

練習五・烘焙甜點

恰巧我家附近有一間知名美式甜甜圈店，免不了一週就要經過三、五次，女兒們總是喜歡討甜吃。礙於甜甜圈「又甜又油」，媽媽總是推託給「下一次」，可偏偏沒有多少下一次可以用，於是乎就做了蛋糕版的烤甜甜圈來滿足一下她們渴望的心。除了用各類的調味粉來變化口味：夢幻紫地瓜，濃郁巧克力，暖心薑黑糖，甘甜香抹茶等等，還可以裝飾糖霜與季節水果，好吃又好玩，也很適合親子同樂喔！

材料

低筋麵粉 95g

糖 25g

泡打粉 3g

紫地瓜粉 6g

雞蛋 1 顆

牛奶 80ml

融化奶油 30g

楓糖漿 15g

食景練習：來自波士頓的 50 道鄉愁之味

1　雞蛋 / 牛奶 / 楓糖漿打勻

2　將低粉 / 糖 / 泡打粉 / 紫地瓜粉過篩加入拌勻

3　最後加入融化奶油攪拌，成為麵糊

4　麵糊裝入夾鏈袋中

5　將麵糊擠入甜甜圈模型中

6　烤箱預熱 425 ˚F 或 215℃ 烤 8 分鐘即完成

貼心
Note
- 紫地瓜粉可以用可可粉 / 抹茶粉 / 即溶咖啡粉代替
- 沒有甜甜圈模的話，也可以將麵糊煎成鬆餅

5-6 甜柿覆盆子蛋糕

高中時期去英國劍橋遊學一個月，寄宿家庭的媽媽都會幫我準備愛心餐，雖然當時的我無法真心的喜愛西式食物，尤其是最不愛只夾了番茄跟生菜的冷三明治，但我印象最深刻的卻是媽媽烤的水果蛋糕。簡單的打了蛋糕麵糊，鋪上季節水果，出爐的熱蛋糕切片後馬上加一球香草冰淇淋，幸福感倍增啊！甜柿的營養豐富，與覆盆子做組合的風味，市面上絕無僅有喔！是一款送禮或宴客都很體面的手作蛋糕。

材料 🥛

低筋麵粉 190g

鹽巴 2g

無鋁泡打粉 6g

無鹽奶油 55g

黑糖 85g

雞蛋 2 個

草莓優格 110g

甜柿 2 顆

覆盆子 1/4 杯

1 無鹽奶油室溫放軟後，與黑糖一起攪打均勻

2 分 2 次加入雞蛋，拌勻後再加入優格，成為濕性材料

3 將乾粉類（麵粉 / 鹽巴 / 泡打粉） 過篩

4 加入濕性材料中拌勻

5 烤盤中，把蛋糕麵糊鋪底，再鋪擺甜柿與覆盆子

6 烤箱預熱 350 ℉ 或 175℃，烤 45-50 分鐘或至蛋糕烤熟即完成

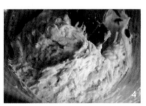

貼心
Note

· 若礙於覆盆子取材不易的時候，草莓或藍莓都是可以代替的水果

· 優格口味的選擇，若使用無糖原味優格，在蛋糕體的黑糖部份要酌量增加

· 水果表面我灑了一些肉桂粉，純屬個人喜好，亦可省略

5-7

練習五‧烘焙甜點

櫻花蝦杏仁瓦片

媽咪跟我一樣都是甜點愛好者，每到下午茶時段就會騎車繞一趟市區，搜尋哪裡有好吃的麵包蛋糕跟手工餅乾。從小到現在，瓦片一直都是我們的最愛，沒有隨著歲月或口味變化的午茶最佳選擇！但是瓦片的價格不斐啊……若不小心買到充滿油耗味的瓦片，的確會讓人挺傷心的！其實只需要一些耐心，備好簡單的材料，就可以輕鬆作出脆口又美味的杏仁瓦片喔！尤其加上特有的東港櫻花蝦，鹹香脆口的多元風味更是市售瓦片比不上的！

材料

糖粉 60g
中筋麵粉 20g
蛋白 55g
融化奶油 30g
杏仁片 100g
櫻花蝦 1 大匙
黑芝麻 1 小匙

1　糖粉 / 中筋麵粉 / 蛋白 / 融化奶油攪拌均勻

2　拌入杏仁片

3　乾鍋炒香櫻花蝦 / 黑芝麻，再加入**步驟 1** 拌勻

4　烤盤上鋪烘焙紙（或矽膠墊），將餅乾麵糊挖一瓢一瓢畫圓並攤平

5　烤箱預熱 300 ℉ 或 150℃，烤 15-18 分鐘，烤熟後立刻鏟起放烤架上待涼

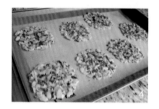 

貼心 Note	• 鋪餅乾麵糊的時候，花點時間把杏仁片一片片推開，盡量不要重疊，烤起來才脆口
	• 杏仁片也可以用南瓜籽或葵花籽代替

5-8

練習五 · 烘焙甜點

香橙奇亞籽燕麥粥

這道可是風靡歐美，深深受到輕熟女喜愛的隔夜冷泡燕麥粥。除了含有健康食品奇亞籽與燕麥，還可搭配各種水果或奶類，吃了有飽足感且熱量不高，重點是攪一攪放冰箱，隔天早餐就有著落；既方便又美味。我喜歡再加點營養穀物，像是杏仁片，腰果或雜糧麥片，吃起來多了更豐富的口感。天冷時微波加熱吃暖暖的燕麥粥當早餐，也是挺舒服的。

材料

柳橙 1-2 顆
奇亞籽 1 大匙
燕麥 3 大匙
甜豆漿 1 杯
薑薄片 2 片

1 柳橙取果肉與果汁 2 大匙

2 將奇亞籽，燕麥，薑片，橙果汁，與甜豆漿全部拌勻

3 蓋上保鮮膜，冷藏浸泡 4 小時或隔夜

4 待奇亞籽泡發，燕麥浸軟後即可食用。食用前再加柳橙果肉

貼心
Note

• 甜豆漿可用無糖豆漿、鮮奶、燕麥奶……等代替，適甜者可酌量添加糖漿或蜂蜜
• 水果類也可變換季節水果，我使用的是紅橙

5-9

練習五 · 烘焙甜點

七七乳加巧克力瑪芬

身為六年級生，回憶裡怎麼可以少了七七乳加巧克力呢！這可是想當年名氣響叮噹的頭號代表作。雖然市面上巧克力品牌無數，可是我內心濃濃的台妹魂卻獨愛這款有著甜甜的牛軋糖與香脆花生的滋味。與巧克力瑪芬來個雙重奏，烘烤過的牛軋糖帶點焦糖香氣卻依然保有嚼勁，花生與巧克力的組合也是無法抗拒的絕配口味，超級豐富的口感，讓這款瑪芬成了毋庸置疑的滿分蛋糕。

材料 🥛

香草（原味）優格 170g

雞蛋 2 個

蔬菜油 60ml

乾性材料 ✏

低筋麵粉 135g

無糖可可粉 15g

泡打粉 6g

鹽巴 1g

糖 75g

裝飾材料 ✏

七七乳加巧克力適量

1　將濕性材料打散後，加入過篩後的乾性材料攪拌 20 下

2　麵糊裝入杯模

3　表面灑上切末的七七乳加巧克力

4　烤箱預熱 400 ℉ 或 200℃ 烤 18-20 分鐘

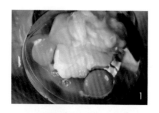

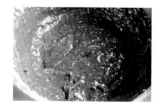

貼心 Note	• 乾濕材料攪拌時勿超過 20 下，以免攪拌過度麵糊出筋影響口感
	• 若使用無糖優格，糖的部份請酌量增加

5-10

練習五・烘焙甜點

抹茶棉花糖提拉米蘇

提拉米蘇，因為使用濃縮咖啡跟咖啡酒的緣故，女兒們都只能哀怨的看著大人享受。其實每次看到她們渴望偷吃的眼神，媽媽都有點良心不安（雖然嘴裡滿是歡心啦）。所以就嚐試了經典義式提拉米蘇，搭配日式和風抹茶紅豆口味，加上莎莎的創意棉花糖乳酪，這麼奇妙的組合，裝在獨享杯裡，每一口都吃得到甘甜濃醇香的滋味，是大人小孩都喜歡的甜點喔！

材料 🍵
棉花糖 75g
鮮奶 100ml
奶油乳酪 225g
抹茶粉 6g
手指餅乾 12 根
紅豆泥適量
抹茶奶綠沖泡包

1 棉花糖加入鮮奶 50ml，微波加熱 1 分鐘至棉花糖膨脹軟化

2 奶油乳酪與另外 50ml 的鮮奶放入攪拌盆，利用隔水加熱方式融化

3 將軟化的棉花糖加入**步驟 2**，並與抹茶粉一同攪拌均勻成為提米乳酪糊

4 抹綠奶茶沖泡包先用熱水泡開。取容器，陸續鋪上乳酪糊→浸泡抹綠奶茶的手指餅乾→紅豆泥→最後鋪上乳酪糊。冷藏 1 小時即可，食用前灑上可可粉裝飾

貼心
Note

• 手指餅乾也可以用一般原味蛋糕或蜂蜜蛋糕代替

食景 V
甜點抒情

我是個甜點控，每天都要找個時段好好享受一下甜食。回想起來，啟蒙我烘焙夢的是「做點心過生活」，我第一個關注的烘焙節目，看著老師優雅的製作甜點，一邊幻想自己也可以為心愛的人烤蛋糕的模樣。可惜那個年代不流行家用調溫烤箱，真的在家做甜點、烤蛋糕的人也是很少吧！念大學的時候，常常是省吃儉用的，將零用錢存起來買甜點犒賞自己，開著小車遍訪讓人充滿幸福的美味甜點。

在美國，大部分的超市都附設了 Bakery 烘焙館區，很便民，而且從購買選項裡，可以發現當地人愛吃的甜食種類。其中，甜甜圈 ① 與瑪芬蛋糕 ② 的口味有非常多選擇，還會依照季節與節慶推出限定款；像是蘋果盛產期就會有蘋果瑪芬、蘋果派；秋末近感恩節就會有南瓜甜甜圈、南瓜重乳酪蛋糕；聖誕節時會在各式蛋糕上裝飾滿滿的紅綠糖霜，非常應景。而甜甜圈與瑪芬可以當作早餐、點心，或是餐後甜點，是無時無刻都可以享用的甜食。口味如何？既然稱為甜食，絕對是「重油重甜」，而且一定要沾裹糖霜跟奶油霜當作裝飾，賣相才會好。超市 Bakery 除了甜甜圈、瑪芬與貝果、麵包吐司之外，還有 Dessert 甜點區 ③，一般像是鮮果塔、乳酪蛋糕、歐培拉、提拉米蘇，各式慕斯獨享杯都有，種類不算琳瑯滿目，裝飾也不太花俏，所以不會有「我要哪一個？」的疑慮（在台灣時，真的常常在甜點櫃前徘徊猶豫不知道要選哪一個，最後只好通通買回家。來到美國之後，才深深發現，台灣真的是甜食天堂！）。

美國人愛吃的蛋糕種類有幾款，這些觀察是源自我經常收看的 Food Network 料理頻道、多次參加聚餐，以及參考超市銷售排行來彙整的，如下：重乳酪蛋糕、各式的酥派與塔類、布朗尼、杯子蛋糕、磅蛋糕（奶油蛋糕）類都是他們的最愛。美國人普遍喜歡的口感是濃郁、濕潤、與酥脆；跟我偏愛的具有蓬鬆感與空氣感的蛋糕非常不同。美式蛋糕裡，我喜歡野莓

甜甜圈專區

①

口味的奶油蛋糕，酸酸甜甜的，可以解膩。記得某次我點了黑莓蛋糕 ④ ，店員一邊推銷：「這款最好吃，黑莓酸度剛好，給妳邊角這一塊，烤得脆脆的邊，最好吃了！」的確，我也喜歡邊邊角角的部份，酥酥脆脆口感真好。另一款覆盆子大理石蛋糕也很優 ⑤ ，有別於巧克力大理石的甜膩，酸酸的覆盆子吃起來挺順口，雖然表面淋了一層糖霜，但是我已經習慣吃美式甜點一定要配無糖咖啡，否則容易膩口！此外，義式烘焙店也很普遍，鮮奶油泡芙、巧克力閃電泡芙、瑞可達酥派 ⑥ ，與各式卡諾里；值得一提的是瑞可達酥派，內餡由義式瑞可達起司 Ricotta Cheese 與蜂蜜、橙皮屑調製而成，口感濃郁不油膩，還帶著清爽的橙香氣。

相對於美式派類（蘋果派、巧克力派、核桃派、南瓜派等等），我反而喜歡鮮果塔類，因為美式派的內餡都充滿著甜蜜蜜又勾了濃濃芡汁的內餡，偶爾還會加肉桂粉或豆蔻粉增添風味，這些都「不是我的菜」。相較於派類，塔類有酥脆的塔皮，濃郁的卡士達醬，與酸甜可口的各式水果，吃起來口感豐富；其中我最愛的就屬藍莓檸檬塔 ⑦ 與季節水果塔 ⑧ 。美國

瑪芬蛋糕專區 ②

Dessert 甜點區 ③

黑莓蛋糕

覆盆子大理石蛋糕

瑞可達酥派

藍莓檸檬塔

人很喜歡藍莓與檸檬的組合，不管各式各樣的蛋糕都可以搭配成藍莓檸檬味，而且這個酸酸甜甜的組合，運用在美式重油重甜的蛋糕上，確實有解膩的功效。至於季節水果塔，應該是在各地方都很受到歡迎，在美國就是草莓／黑莓／藍莓／覆盆子之類的野莓塔，台灣則是萬年不敗的芒果塔了！

最後要分享的就是除了 Oreo 之外，最受歡迎的巧克力豆餅 ⑨ ，這一款堪稱為家常手工餅乾，每家每戶都會有超好吃的 Grandma's Secret Recipe 老奶奶的家傳秘密食譜。普遍的程度就連麥當勞在點餐的收銀台上，都放了透明展示櫃也賣起巧克力豆餅，更不用說各大知名咖啡店，與小城鎮的烘焙坊了；有趣的是，美國小孩喜歡把餅乾沾著牛奶一起吃，就跟大人喜歡吃甜點配咖啡或茶一樣的道理。我總是相信，甜點是人與人之間的一種分享與慰藉，無關乎飽餐與營養，美好的甜點帶來的是一份美麗的心情，讓人念念不忘，並且可以轉換生活裡的種種憂慮和不安，進而收拾起內在的陰天，帶著微笑，好好面對持續進展的一分一秒。這是屬於甜點獨有的魔法。

以上，美食記者駐波士頓採訪報導。

季節水果塔

巧克力豆餅

⑧ ⑨

擁有健康人生 · 滿滿幸福滋味！

少油不沾，不用開大火，廚房少油煙！
輕鬆料理健康好滋味！

95%以上使用過的顧客肯定，鈦讚鍋®是他們用過最不沾
又少油煙的品牌鍋具！(資料來源：歐廚寶)

* 全部通過SGS檢測FDA/歐盟嚴格標準，保證安全無毒

* 特殊陶晶瓷，堅硬耐用，不沾效果強化

* ISO9001認證工廠 台灣製造

鈦讚鍋®系列不沾鍋提供多款功能造型及尺寸，歡迎至官網參觀選購！線上購物享有7日鑑賞期

上網搜尋：ZAWA 鈦讚鍋 / FB 粉絲專頁：www.facebook.com/zawa01 / 線上購物：www.zawacook.com

GREEN & SAFE

從產地到餐桌

真食物
更有
好味道

真正的食物是 100% 無人工添加
真正的食物是 以大自然方式養成
真正的食物是 重新思考人與環境的關係

食在安心

當令果物&有機蔬菜
在地供應鮮摘直送

自養台灣正黑豬
肉質柔嫩多汁

自然熟成放山古早雞
口感結實有彈性

產地嚴選現撈水產
品質新鮮安心合格

www.green-n-safe.com

信誼店 台北市重慶南路二段51號B1 (02)2322-2204　　延吉店 台北市仁愛路四段316號之2 (02)2703-2224
東門店 台北市信義路二段158號2樓 (02)2341-6002　　士東店 台北市中山北路六段425之1 (02)2871-4132

線上購買

凱特文化 好食光 17

食景練習
來自波士頓的50道鄉愁之味

作　　者	蔡佩珊（莎莎）
發 行 人	陳韋竹
總 編 輯	嚴玉鳳
主　　編	董秉哲
責任編輯	董秉哲
封面設計	萬亞雰
版面構成	萬亞雰
行銷企畫	黃伊蘭、李佩紋、趙若涵
印　　刷	通南彩色印刷事業有限公司
法律顧問	志律法律事務所 吳志勇律師
出　　版	凱特文化創意股份有限公司
地　　址	新北市236土城區明德路二段149號2樓
電　　話	02-2263-3878
傳　　真	02-2236-3845
劃撥帳號	50026207凱特文化創意股份有限公司
讀者信箱	katebook2007@gmail.com
部 落 格	blog.pixnet.net/katebook
經　　銷	大和書報圖書股份有限公司
地　　址	新北市248新莊區五工五路2號
電　　話	02-8990-2588
傳　　真	02-2299-1658
初　　版	2016年7月
定　　價	新台幣320元

國家圖書館出版品預行編目資料

食景練習：來自波士頓的 50 道鄉愁之味／蔡佩珊（莎莎）著．
——初版．——新北市：凱特文化，2016.7 192 面；17×22 公分．
（好食光；17）ISBN 978-986-93239-0-1（平裝）

1. 食譜 2. 烹飪　　427.12　　105009032

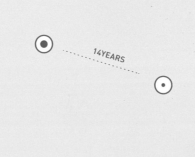